中国
麻核桃

U0201017

郗荣庭　张志华◎主编

中国农业出版社

内容提要

麻核桃学名河北核桃（*Juglans hopeiensis* Hu），又称麻艺核桃、山核桃、耍核桃、文玩核桃等，是中国特有种质资源。

本书由多年从事麻核桃研究和生产的专家与雕刻、把玩和鉴赏的专家共同撰写，参考相关资料和经营行家的意见和建议，系统介绍了麻核桃的来源、分布、遗传多样性和亲缘关系、生长结果特性、果实及坚果结构、坚果类型及分级、坚果收藏与养护、加工和包装、坚果选择与把玩、玩赏和保健、资源保护和利用、繁殖方法和栽培技术等。其中坚果类型、分级和规范名称是参考文玩界多年习用的流行称谓、征求部分麻核桃知名经营者意见和市场发展需要提出的初步意见，以求逐步规范麻核桃购销市场，逐步澄清市场中品相质量和商品名称混淆等情况。书中附有知名核商多年收集和珍藏的名品图片。

ZHONGGUO MAHETAO

主　　　编　郗荣庭　张志华

副　主　编　王红霞　赵跃欣

　　　　　　王玉成　张麟呈

参编人员　孙红川　蘧玉成

　　　　　　王　虎　赵书岗

　　　　　　玄立春　雷　玲

　　　　　　郑志强　王大雨

　　　　　　李卫强

序一

　　中国是世界核桃起源中心之一。麻核桃（河北核桃）是中国特有的种质资源，在《中国植物志》、《中国果树志·核桃卷》、《河北树木志》和《果树栽培学》等著作中，常常只有少量文字表述。随着经济发展、社会进步和文化繁荣，人们对麻核桃的把玩和收藏的兴趣越来越浓。近些年我国林业和果树工作者对麻核桃的种质资源、生物学特性和用途进行研究和开发，将过去只是老年群体的把玩材料，扩展到鉴赏、雕刻、收藏、佩摆多项文化功能方面，大大提高了麻核桃的品位和文化内涵，激发了很多年轻人加入到这一行列。其中，除少数人是把玩兴趣浓厚的爱好者外，很多人则是以收藏精品、珍品为主，达到金屋藏珍、收藏增值之目的。

　　《中国麻核桃》是我国第一本较全面介绍麻核桃种质资源、遗传多样性、生长结果特征特性、坚果结构、类型及分级、质量区分、坚果选择以及把玩和手疗等内容的图书。内容新颖、资料丰富、言简意赅，很值得大家阅读和参考。

中国林业科学院林业研究所研究员　张毅萍

序二

年初，应邀去河北德胜农林科技有限公司参观，偶见《中国麻核桃》书稿，乘兴翻阅，不禁为编著者写出国内外第一部全面阐述麻核桃著作的良苦用心而备受感动。本书作者总结多年的调查研究、科学试验和生产实践，将选育、科研、生产、把玩、健身、雕刻、鉴赏、收藏等知识全面奉献给读者，是一部集科学性、知识性、艺术性于一体的麻核桃大全。他们的创新和奉献精神令人敬佩。

我作为在河北省科协工作多年的老同志，从领导岗位上退下来以后，在读书、品茗之余，在掌中盘揉中体味人生、悟道自然、养心健体，与麻核桃结下了不解之缘。

麻核桃作为自然天成之物，多年深藏在崇山沟谷之中，在人们探寻奇妙世界中，才发现这一"大美奇珍"。并在开发利用中，逐步从山野走进厅堂，从野果变为文玩和艺术品，令持有一对晶莹红亮、光润如玉麻核桃者自豪，亲友们啧啧称羡。

麻核桃因为果壳质地厚硬，纹理丰富，雕刻师在方寸果壳之上，随物赋形，把山水人物、花鸟鱼虫，跃然壳面，令人叫绝。历史上是皇族贵胄的宠爱之物，现代成为爱好者的掌上明珠，收藏者的倾心瑰宝。

欣逢当今华夏盛世，举国齐心为实现中华民族伟大复兴奋斗之际，麻核桃作为中华文化百花园的一枝新花吐芳争艳，愈加展示其特有功能和价值。祝愿这枝奇葩茁壮生长、欢乐人生。

值《中国麻核桃》即将付梓之际，特作序致贺！

唐树钰

（序作者系河北省科学技术协会原党组书记、常务副主席。现任河北省老科学技术工作者协会常务副会长）

前言

我国幅员辽阔，气候多样，果树种质资源丰富多彩，栽培历史约4 000多年，是多种果树的起源中心，为世界果树的发展做出了重要贡献。

麻核桃是原产中国的特异种质资源，多年野生于北方山区核桃楸与核桃混生群体之中。由于长期自然杂交、世代繁衍，形成后代类型多样、坚果（去青皮的硬壳果）特点各异的单株和群体。在长期发展演化中这种变化还在继续着。

河北核桃（*Juglans hopeiensis* Hu）又称麻核桃、麻艺核桃、山核桃、耍核桃、文玩核桃等。因其坚果壳面棱沟起伏、凹凸深邃而得名。"麻核桃"已成为广大爱好者和市场约定俗成的称谓，广为人知，故本书取名为《中国麻核桃》。

麻核桃壳皮坚厚，种仁很少，食用价值很低。但其外壳沟纹变化丰富、坚果形状和壳皮美观奇特，颇受人们的喜爱，极具把玩、保健、鉴赏、收藏、雕刻、馈赠多重价值。近年来，麻核桃风靡国内各大中城市，成为文玩市场中的姣姣者，形成了北京麻核桃市场中鸡心、狮子头、虎头、官帽、公子帽等5个知名品牌。

据传，把玩麻核桃起源于汉隋，流行于唐宋，盛行于明清。说明自古至今人们对麻核桃的青睐和钟爱由来已久，并流传许多赞赏麻核桃的溢美之词。例如民间的"核桃不离手，活到九十九"；"掌上旋日月，阎罗叫不走"等。还有坊间传说东汉刘秀曾赋诗称赞核桃曰："春华秋实蔽绿荫，根皮枝叶入杏林，内柔外刚撑铁骨，十丈跌落与他人"。麻核桃经过匠人精雕细琢，将多种鸟兽鱼虫、树木山水、云龙飞舞等意境置于方寸壳面之上，令人叹服，爱不释手，成为我国独有、内涵丰富的核桃文化。我国台北故宫博物院珍藏有乾隆皇帝把玩的麻核桃雕刻珍品。

随着我国经济迅速发展，人们生活水平日益提高，文化市场日臻繁荣，麻核桃也成为百姓的玩伴、赏品、饰品和礼品。随之而来的麻核桃市场也应运而生，北京、天津、河北、陕西、山西、河南、辽宁等地，形成了麻核桃的主要生产和购销集散地。许多城市出现了麻核桃专营、兼营商店，在古玩市场和旧货市场设有麻核桃专柜和摊位。市场中麻核桃品类多样、档次齐全、琳琅满目、购销两旺，成为文玩市场中一大亮点。

广义的麻核桃（文玩核桃）还包括原产我国的铁核桃（*J. sigillata* Dode）和核桃楸（*J. mandshurica* Max.）。这两种核桃的坚果也具有坚硬的外壳和深邃的沟纹刻点，都具有把玩和保健的功能，售价较麻核桃低，在麻核桃市场中占有一席之地。

河北农业大学1984—2005年对麻核桃进行了系统的调查和研究。经过资源调查、初选、复选、决选、高接鉴定、核型分析、植物学、生物学、生理学特性研究以及坚果特性检测，获得了麻核桃生长结果特性及坚果生长发育过程的第一手资料，选育出我国第一个特异型麻核桃品种——冀龙，并于2005年通过省级科学技术鉴定，填补了河北核桃（麻核桃）品种选育的空白。同年，通过河北省林木品种审定委员会审定，定名为冀龙。并与河北德胜农林科技有限公司共同建立麻核桃科研生产基地。

本书由河北农业大学、河北德胜农林科技有限公司多年从事麻核桃研究和生产的专家及北京知名玩赏家共同撰写完成。以多年从事麻核桃研究、生产、雕刻、把玩、鉴赏为基础，参考相关资料和经营行家的意见，系统介绍了麻核桃的来源、分布、遗传多样性和亲缘关系、生长结果特性、果实及坚果结构、坚果类型及分级、坚果收藏与养护、加工和包装、坚果选择与把玩、玩赏和保健、资源保护和利用、繁殖方法和栽培技术等。其中坚果类型、分级和规范名称是参考文玩界多年习用的流行称谓、征求部分麻核桃知名经营者意见和市场发展需要提出的初步意见，以求逐步规范麻核桃购销市场，澄清市场中的品相质量和商品名称等混乱情况。书中配有图表和照片，文字通俗易懂，便于读者参阅。

特别感谢中国林业科学院林业研究所多年从事核桃研究、86岁高龄的张毅萍研究员和河北省科学技术协会原党组书记、常务副主席唐树钰先生欣然为本书作序。

感谢北京知名核商陈佩侠女士、王京生（王三）先生、韩娟女士、陈红云女士（核桃表妹）、李迎民先生、杨威先生、杨阳先生等为本书提出许多有益的意见和建议，并把他们多年收集和珍藏的麻核桃名品提供给本书，在此一并致以谢忱。

由于有关麻核桃的参考资料甚少，我们对麻核桃的认识、研究还不够深入，疏漏和不妥之处恳请读者不吝指正。

著者
2013年5月

目录 CONTENTS

上篇

第一章 概 述

　　核桃属植物中包括很多个种，分布广泛，属世界性树种，在植物分类学中占有重要地位。麻核桃（河北核桃）是核桃属中一个种（杂交种），是中国原产特有的树种。

　　我国核桃属植物有5个种：分别是核桃（*Juglans regia* L.），核桃楸（*J. mandshurica* Max.），麻核桃（*J. hopeiensis* Hu），铁核桃（*J. sigillata* Dode），野核桃（*J. cathyensis* Dode），这5个种均原产于中国。此外，还有近年从美国引进的黑核桃（*J. nigra* L.）、函兹核桃（*J. hinsii* Dode）和奇异核桃（Paradox，黑核桃与核桃的杂交种），从日本引进的心形核桃（*J. cordiformis* Max.）和吉宝核桃（*J. sieboldiana* Max.）。

　　麻核桃的植物分类学名是 *J. hopeiensis* Hu。我国著名林学家陈嵘所著《中国树木分类学》中将麻核桃（河北核桃）列为核桃属中一个独立种，并载文云："本种系民国十九年（1930年）周汉藩在河北昌平县（今属北京市）下口村半截沟发现之新种，1934年，经我国植物学家胡先骕鉴定，认为系核桃与核桃楸之杂交种，定名为河北核桃（*Juglans hopeiensis* Hu）分布于河北省各地。此外，该种还见于河北蓟县（今属天津市）盘山、北京市门头沟村中庙内、莲花山三岔路各一株。当时昌平县、怀来县老农称之为'老山树'（深山之树）。莲花山三岔路所生麻核桃，直径约有三尺"。由于麻核桃木材质致密韧，不翘不曲，多用于制作枪托、飞机用材和富人制作棺材，不免滥伐，遂将绝种耳。1979年《中国植物志》第21卷中，将我国核桃属植物分为两个组（胡桃组和胡桃楸组），将麻核桃列入胡桃楸组，正式成为我国核桃属中一个独立种。为顺应民间称谓和市场营销习惯，本书采用麻核桃作为书名，并在正文中应用。

　　麻核桃零散分布地区很广，但主要以北方各省（直辖市）自然分布的实生核桃和核桃楸混生林区为主。河北、山西、河南、陕西、山东、辽宁及北京、天津等地山区均有麻核桃散生分布。由此推断，麻核桃存在应远早于20世纪30年代，并发现凡有核桃和核桃楸混合生长分布的地方，都有可能存在麻核桃及其多种后代类型。

由于麻核桃是两种核桃的自然杂交种，其后代遗传性状分离形成遗传多样性是必然的。杂交后代多态型主要表现于植株生长、枝叶形态、开花结果、果实和坚果等方面的变化，但这些变化都未超越麻核桃这个种的遗传范围，这可从遗传多样性及亲缘关系科学分析中得到证实。至于不同立地条件、树体发育状况、人为干涉、病虫危害和气候影响等造成坚果大小、形状、纹理变化等差别，均属外界环境改变和树体生理变化影响造成，并非遗传变异的结果，采用ISSR分析技术和高接鉴定是最好的区别判定方法。通过这一分析技术和聚类方法，显示出目前市售的狮子头、虎头、公子帽、官帽、鸡心等主要品类，以及由此衍生出来的各种因坚果大小、沟纹特征、形状等变化以及由此出现的多种名称的麻核桃，实际均属麻核桃同一种内的不同类型。

核桃属中作为玩赏、保健和雕刻加工的核桃，除麻核桃外，还有核桃楸和铁核桃。核桃楸是核桃属中一个独立种，与麻核桃的枝叶、花果、坚果均具有明显区别，北方山区多有分布。其坚果大小形状变化很大，刻沟深浅不一，顶部锐尖，底座尖圆，棱脊数量不一，很适合把玩保健。市场中的核桃楸，因大小、形状、棱数不同等分为多种类型和名称（刺猬、鸟嘴、双棒、八棱等），成为市场中仅次于麻核桃的文玩核桃。

铁核桃也是把玩核桃中的一种，是核桃属中一个独立种。原产于我国，主要分布于云南、贵州、四川、西藏南部等地。其树体枝干、叶片、果实、坚果与麻核桃和核桃楸有显著区别。其坚果较小，壳皮坚厚，刻沟细薄而深，棱数变化较多，形状多样，亦为揉手保健的佳品。市售品类如鹰嘴、雏鸟、四棱、元宝、骰子等均属此种。

异型核桃是自然生成或人为干预等措施改变坚果形状，形成人们喜爱的多种奇形怪状的坚果，颇受市场青睐，价格不菲。但这种异型核桃坚果，因果实发育过程受阻，导致成品率较低，配双成对的精品坚果更为稀少，是文玩核桃市场中备受顾客欢迎的走俏品类。

雕刻桃核是坚果经过人工微雕造型的精美工艺品，颇受消费者欢迎。供雕刻的坚果形状要求端正，壳皮较厚，沟纹美观，起伏变化明显，壳色均匀。经过选果、设计、放样、雕刻、微修等程序雕成多种艺术品（云龙腾飞、百虫图、葫芦万代、百鸟朝凤、龙虎斗、十八罗汉、百犬图等），画面生动，栩栩如生，百赏不厌，颇具观赏和收藏价值，是我国核桃文化艺术瑰宝。

壳皮工艺是用麻核桃、核桃楸、铁核桃等深纹核桃的壳皮切片贴制成多种精美的工艺品。如摆件中的几案、花瓶、台灯、茶具、镜框、奔马，挂件中的福寿大字、山海坠、出入平安、腰挂、包挂、珠联璧合、福如东海等，如配以珍珠、玉珠和中国红的万字结、葫芦结、中国结等，更显华贵，成为居家摆放的工艺品。

此外，麻核桃树体挺拔，叶片硕大，树姿美观，并具有净化空气、遮阳避热的作用，还是城市绿化、休闲娱乐场所的上佳绿化树种。

中国核桃文化源远流长，素有"人品有高低，麻核无贵贱"和"核为合美，人为仁贵"的文化流传，提升到文化品位的高度，在百姓中根底深厚，是中华民族文化宝库中的一员，传统民俗文化中的宝贵遗产。随着我国经济和文化的大发展，核桃文化必将更加灿烂辉煌。

第二章　遗传多样性及亲缘关系

　　种质资源也称遗传资源，是新品种选育和可持续发展的物质基础。我国是核桃的起源地之一，种质资源十分丰富，在这些资源中存在着许多特异种质资源，他们在形态特征、生长结果特性、果实和坚果形态，以及风土适应性和果实丰产性等方面都存在显著的差异，形成了丰富的遗传多样性；丰富的基因资源不仅是巨大的物质财富和潜在优势，也是持续发展的基础和源泉。但由于过去研究手段和研究基础落后，造成同名异物、同物异名现象层出不穷。麻核桃在长期系统发育过程中，在分布广泛、环境条件各异的自然群体中形成了多种类型，如坚果的大小、形状、沟纹深浅、起伏变化等均存在较大差异。随着麻核桃市场的发展和消费人群增加，坚果的价格不断攀升。近年，在经济利益的驱使下，移栽和砍伐麻核桃大树、大量采集野生资源的接穗和种子等现象时有发生。其结果不仅使这一种质资源遭到严重破坏，而且使天然分布的野生麻核桃面临灭绝的境地。

　　遗传多样性是一切生物在进化过程中形成的多种基因型和表现型的结果，它是生命进化和适应能力变化的基础。种内遗传多样性越丰富，该物种对环境变化的适应能力也越强。遗传多样性是生物多样性的重要组成部分，也是生态多样性和物种多样性的基础。随着遗传多样性研究的深入发展，遗传多样性标记已从形态表现型识别、染色体的结构和数目、同工酶标记等拓展到目前使用的以DNA多态性为基础的RFLP、RAPD、SSR、ISSR、AFLP等DNA标记技术，使遗传资源研究更加便捷，科学可信。

　　笔者采用ISSR技术对从各地收集到的119份不同麻核桃类型和15个核桃品种、2个核桃楸类型、2个黑核桃共138份供试样品的遗传多样性进行了分析（图1）。结果显示，138份供试材料可分成三大类：119个麻核桃类型和2个核桃楸类型归入第一大类，15个核桃类型归入第二大类，2个黑核桃类型归入第三大类。从119个麻核桃类型的聚类情况可以看出，虽然供试材料来源不同，但可以将其分别归为同一类型。如门头沟9号、昌平10号、涞水1号和亲缘关系较近的细纹狮子头、粗纹狮子头、百花山狮子头等均可归为狮子头类型。麻核桃和核桃楸没有明显的分界，相似系数较大，说明麻核桃与核桃楸的亲缘关系较近，可归为同一大类，进一步证实了植物学分类中把麻核桃归到核桃楸组是正确的。聚类分析结果还显示，鸡心和冀龙，虎头、狮子头和虎头8号，虎头2号和蓟县8号，虎头5号和蓟县3号，门头沟9号和细纹狮子头，涞水6号和涞水5号，昌平4号和WC，均属同物异名，应予澄清正名。通过嫁接繁殖的麻核桃，仍然传承母株的遗传基因和特性（基因变异除外），坚果的主要特点不会有很大变化。野生和嫁接的麻核桃坚果主要特征相同，质量区别不明显。

采用ISSR分子标记方法分析麻核桃种质资源的遗传多样性，还显示了繁多的麻核桃品类间的遗传差异和亲缘关系，为澄清麻核桃品类名称、品种鉴定和种质资源遗传多样性研究提供了科学依据，对我国麻核桃种质资源保存、发掘和利用具有重要意义。兹将供试麻核桃、核桃、核桃楸、黑核桃ISSR分析聚类图列示于下（图1）。

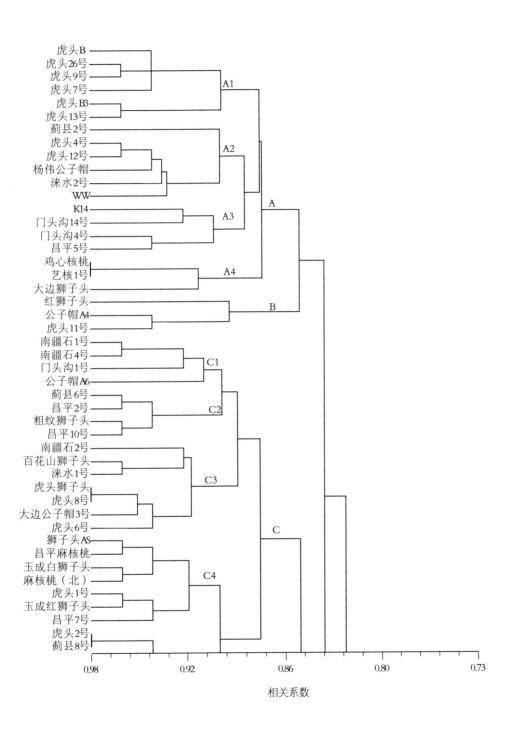

相关系数

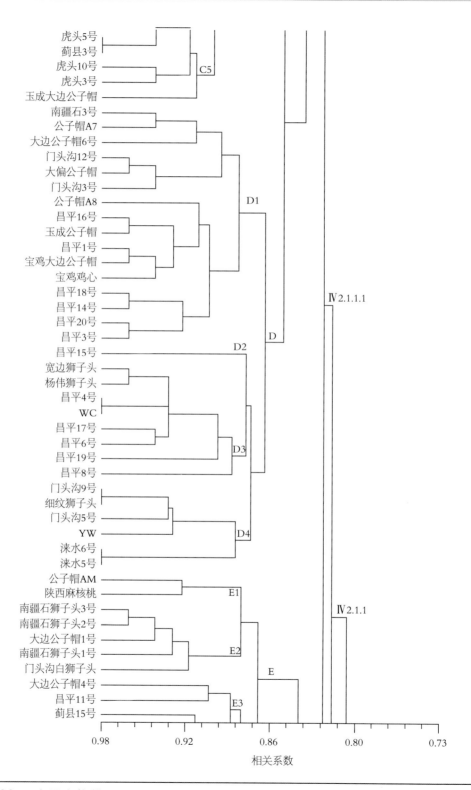

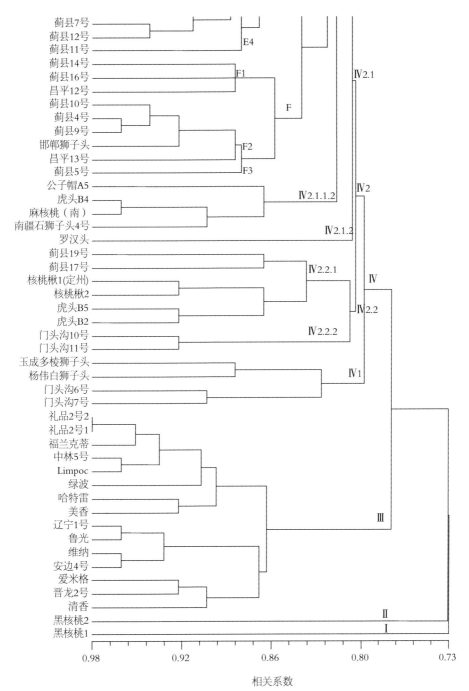

图1　麻核桃和部分核桃ISSR分析的树状聚类图

（注：Ⅰ类和Ⅱ类属于黑核桃组；Ⅲ类为普通核桃，属于核桃组；Ⅳ类为2个核桃楸和119个麻核桃类型，属于核桃楸组。A、B、C、D、E、F为麻核桃不同类型）

第三章 生长结果特征和特性

SHENGZHANG JIEGUO TEZHENG HE TEXING >>

第一节 生长器官

一、芽

着生在各种枝条上的芽体。根据芽的性质和特点，分为混合芽（混合花芽）、叶芽（营养芽）、雄花芽和休眠芽（潜伏芽）4种。

1. 混合芽 是指芽内含有枝、叶、雌花原始体的芽体。混合芽萌发后长出结果枝、叶片和雌花，雌花着生在结果枝顶端。混合芽多数为单芽，偶有双芽，多着生在结果母枝顶端及其以下1～2节位。混合芽可单生或与叶芽、雄花芽上下重叠着生于复叶的叶腋处。混合芽体呈半圆形，饱满肥大，被覆鳞片5～7对（图2）。

2. 叶芽（营养芽） 芽内只有生长点，着生在营养枝的顶端及以下叶腋间。侧生叶芽多单生或与雄花芽叠生。同一枝上的叶芽，由下向上逐渐增大。顶生营养芽呈阔三角形，侧生叶芽多呈半圆形，个体较小。叶芽萌发后，发出枝条和叶片，是树体生长发育的基础（图3）。

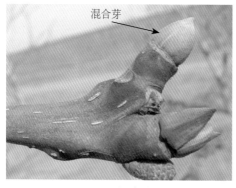

图2　混合芽

图3　叶芽（营养芽）

3.雄花芽　指处于休眠期的雄花序。其上只着生小雄花。雄花芽主要着生在1年生枝的中部或中下部，单生或双雄芽叠生，或与混合芽叠生。雄花芽冬态呈黑色，短圆锥形，鳞片极小不能包被芽体。雄花芽伸长后成为雄花序，雄花序多少和长度、雄花芽的数量和每个雄花序着生雄花的数量与品类、树势和树龄有关。麻核桃结果树的雄花量较多，为节约树体营养，过量的雄花芽应适当疏除（图4，图6）。

4.休眠芽　指处于休眠状态的叶芽。通常着生于枝条下部和基部的叶腋间，在正常情况下不萌发。随枝条停止生长和枝龄增加，外部芽体脱落，生长点存留皮下。芽原基休眠埋伏于皮内，其寿命可达数十年或百年以上。休眠芽扁圆瘦小，受到外界刺激后可萌发出枝条，有利于枝干更新复壮。休眠芽常与混合芽伴生（图5，图7）。

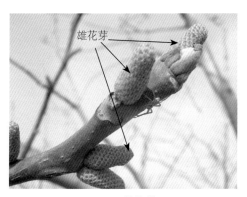

图4　雄花芽

图5　休眠芽与混合芽叠生

图6　雄花芽与混合芽叠生

图7　树干休眠芽萌生枝条

二、枝条

根据枝条的性质和特点分为营养枝、结果枝和雄花枝。

1.**营养枝** 也叫生长枝或发育枝。枝条顶芽为叶芽,可延伸枝条生长。枝条侧方着生叶片。根据营养枝的生长势可分为发育枝和徒长枝(图8,图9)。

图8 营养枝顶芽萌生新梢

图9 营养枝

2.**结果枝** 着生混合芽的枝条称为结果母枝,枝条较粗壮,芽体充实饱满。由混合芽萌发出具有雌花的枝条称为结果枝,结果枝顶端着生雌花序和雌花。健壮结果枝的顶端在结果部位侧方可抽生短枝,多数当年亦可形成混合芽(图10)。

3.**雄花枝** 是指除顶端着生叶芽外,其他各节均着生雄花芽的弱短枝条,顶芽不易分化混合芽(图4,图11)。

图10 结果枝

图11 雄花枝

三、叶

麻核桃叶片为奇数羽状复叶，复叶上着生小叶7～15枚。小叶呈长椭圆形或长卵圆形，先端渐尖。复叶的数量与类型、树龄有关。在混合芽或营养芽的鳞片开裂后5～15天，随着新枝的伸长，复叶逐渐展开，40天左右复叶停止生长。

图12　复叶及小叶

第二节　结果器官

一、开花

1. **雄花**　雄花着生在雄花序上，每一雄花序上着生小雄花100～270朵。冀龙在保定雄花开放期为4月中下旬，花期持续3～7天。

春季雄花芽开始膨大伸长，从基部向顶部逐渐膨大。经6～8天花序开始伸长，基部小花萼片开裂并出现绿色花药，此时为初花期。初花期6天后花序停止伸长生长，花药由绿变黄，此时为盛花期。盛花1～2天后雄花开始散粉，称为散粉期。散粉结束后花序变黑干枯，称为散粉末期。散粉期如遇低温、阴雨、大风天气，对授粉极为不利，需进行人工辅助授粉（图13，图14）。

2. **雌花**　着生在结果枝顶部的总状花序上，每个花序着生雌花3～14朵。雌花无花瓣和萼片，柱头羽状2裂，黄色、粉色、紫色或红色，初开时为羊角状，成熟时开张反卷，上有黏液分泌物。子房1室，下位（图15，图16，图17）。

图13　雄花序初花期

图14　全树雄花序着生状

图15　黄色柱头

图16　紫色柱头

图17　粉色柱头

　　雌花出现5~8天后子房膨大，柱头向两侧张开，称为初花期。经4~5天柱头向两侧张开呈倒"八"字形，并分泌出较多具有光泽的黏液，称为盛花期。4~5天后柱头分泌物开始干涸，柱头向后反卷，称为末花期。

　　3.雌雄异熟　麻核桃为雌雄同株异花植物。在同一株树上雌花开放与雄花散粉时间常常不能相遇，称为雌雄异熟。有3种表现类型：雌花先于雄花开放，称为雌先型；雄花先于雌花开放，称为雄先型；雌雄同时开放，称为同熟型。雌雄异熟的类型应注意配置雌雄同期开花、有利授粉的类型。

　　二、坐果

　　麻核桃属风媒花，需借助自然风力进行传粉和授粉。花粉落到雌花柱头上，花粉粒发芽生长经柱头腔进入子房中的胚囊，与卵细胞结合，完成受精。从受精到果实开始发育的过程称为坐果（图18）。据观察，授粉后约4小时，柱头上的花粉粒萌发并长出花粉管进入柱头，16小时后进入子房内，36小时达到胚囊,完成双受精过程。麻核桃花粉败育率较高,坐果率较低,应注意选择适宜的授粉树。一花序坐果数量,受内外条件影响变化较大(图20,图21,图22,图23)。

三、落花落果

在果实发育生长期中,落花、落果和落序现象比较普遍(图20,图21)。通常落花较轻,落果和落序较重,主要集中在柱头干枯后30～40天,称为生理落果期。落花、落序及落果的主要原因有授粉受精不良,花粉、胚珠败育,受精过程受阻,花期低温,树体营养积累不足及病虫害等多种原因造成(图19),应根据具体情况分析判断,实施相应有效的对策。

1.**授粉受精不良** 麻核桃是异花授粉植物,而且具有雌雄同株异花的特点。由于在雌雄花之间开花期不遇而影响授粉、受精与坐果。雄花的花粉量虽多,但花粉败育率较高。此外,花期的不良气候条件(如低温、降雨、大风、霜冻等),都会影响雄花散粉和雌花受精,降低核桃的坐果率。

图18 坐 果

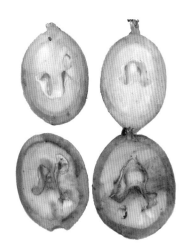

图19 正常果(上)和败育果(下)

2.**营养积累不足** 营养积累不足是导致麻核桃大量落果和落序的重要原因。一方面由于前一年树体积累的贮藏营养较少,另一方面果实发育和枝叶生长对养分需求量较高,造成营养供不应求,而影响坐果。因此,前一年调控肥水和控制旺长,对提高树体贮藏营养具有重要意义。此外,春季及时追肥或叶面喷肥补充营养,并结合修剪调节坐果数量和减缓枝条生长速度,缓解果实与枝叶生长发育对养分的竞争,对提高麻核桃的坐果率有明显效果。

图20 空序无果　　　　　　　　　图21 1序1果

图22 1序3果　　　　　　　　　图23 1序4果

四、果实发育

　　果实发育是从受精后子房膨大到果实成熟整个发育过程，称为果实发育期。果实发育过程分为4个时期：①果实速长期；②果壳硬化期（硬核期），北方约在6月下旬，果实大小基本定型；③种仁充实期，果实略有增长，种仁充满空腔；④果实成熟期，成熟的标志是内部营养物质积累和转化基本完成，青皮由深绿色变为黄绿色，青皮出现裂缝，部分果实青皮开裂与坚果分离。正常果实多呈广卵圆形，略有棱起，顶端微尖，表皮光滑或微或无，绿色，皮孔绿白色，密布于表皮上。

第三节 物候期

经多年观测，冀龙在河北保定地区3月底至4月初为萌芽展叶期，4月中旬为雄花盛开期，4月中下旬为雌花盛开期，5月中旬至6月下旬为果实速长期，6月底至7月上旬为果实硬核期，9月上、中旬为果实成熟期，10月底至11月初为落叶休眠期。

雄花芽是随着当年新梢的生长和叶片展开在叶腋间形成，6月中旬至翌年3月为雄花芽休眠期，4月继续发育生长并伸长为葇荑花序。散粉前10～14天雄蕊花药内形成花粉粒。一个雄花序上的雄花自基部向先端顺序开放，花期3～7天。雄花芽的分化时间较长，从开始分化至雄花开放约需12个月。

混合芽内雌花原始体的起始分化期在6月中、下旬，6月下旬至7月上旬为苞片分化期，此后一直处于苞片期并进入休眠。翌年春季3月下旬进入花瓣分化期，4月上、中旬进入雌蕊分化期，4月中、下旬进入开花期，开花期约4～7天。

嫁接苗栽植后3～4年开始形成混合芽，雄花芽出现晚于混合芽1～2年。

第四章　果实及坚果特征和结构

GUOSHI JI JIANGUO TEZHENG HE JIEGOU >>

第一节　果实外部特征和内部结构

1.麻核桃的果实形状因多年自然杂交而呈现多种多样，但以椭圆形、卵圆形和圆形为主，果体大小变化较大。结果特点为总状花序穗状结果，每花序可坐果1～8个，多数坐果1～2个，或全部落花落果而空序。

2.雌花因花瓣早期退化只保存萼片，故与幼果相似。雌蕊基部膨大成子房，授粉受精以后膨大形成果实。幼果由柱头、萼片、苞片、总苞、子房组成。柱头呈浅红、紫红或黄色，表面凹凸状并有黏性分泌物，数日后枯萎，宿存于果顶。萼片5个位于花柱基部和子房顶端，苞片扩展包围子房形成总苞，共同发育成果实（图24），果实的青皮呈浅绿色。表皮具乳白色大形皮孔（果点），较多分布于果面中上部。有柔毛和少量黏性分泌物。青皮的厚度因类型而有不同。通常为0.70～1.50厘米。

3.果实大小因类型不同而异。冀龙麻核桃果实平均横径4.00～5.96厘米，平均纵径3.80～6.46厘米。顶端微尖，底部较平或稍有突起，果面有不明显的棱沟。果柄较长与结果枝相连接，通过维管束给果实发育输送营养和水分。

4.果实由绿色肥厚多汁的总苞和子房共同构成。总苞由苞片、外果皮、中果皮融合在一起（青皮）并包被子房。青皮（总苞）的内侧形成网状发达的维管束网络（输导组织）并与果柄连通。内果皮逐渐发育和不断积累木质素，发育成坚硬的坚果外壳和内褶壁、横隔。果实发育前期的内、中、外果皮界限不易区分，后期因内果皮木质化石细胞增多而有所区别。

5.子房下位，由1个心室2个心皮组成。子房内具有一个直生胚珠，珠孔向上直通花柱。其珠被形成种皮，珠心发育成种仁。坚果内褶壁和横隔由子房内壁衍生而成，横隔将果实分成2室。胚由2片肥厚的子叶和短胚轴（胚根、胚芽）构成。果实青皮中含有大量单宁物质和一些蛋白质、醌类、油脂和核桃苷、多种氨基酸等。青果皮汁液氧化后变褐，容易染手（图24，图25）。

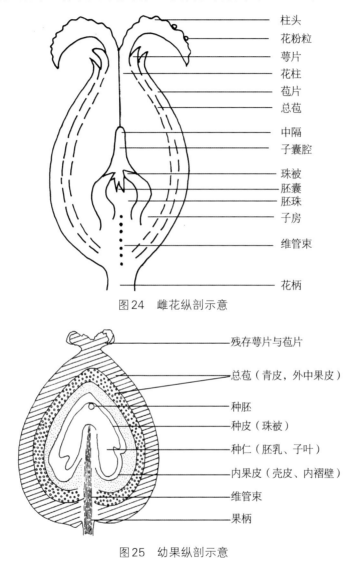

图24　雌花纵剖示意

图25　幼果纵剖示意

第二节　坚果外部特征和内部结构

1.坚果是指果实青皮（总苞）内具有坚硬外壳的核果。坚果发育中后期

（约6月中旬），木质素在内果皮次生细胞中迅速增加沉积，通常是从坚果顶端开始积累，逐渐向下部扩展，此时果实和坚果基本停止生长，坚果壳皮硬化于6月下旬至7月上旬基本完成。以后则是种仁内含物充实阶段，营养物质迅速增长，9月中旬种仁发育基本完成。这一时期内容易出现胚器官形成分化与果实发育在营养物质供应和分配上的矛盾，造成坚果发育异常，壳皮出现白尖和花斑。因此，在栽培管理技术方面，应注意及时调控。

2.坚果具有坚硬的外壳，壳面由隆起的缝合线（缝脊）分成两个半球形，表面因维管束挤压形成美观多样的网状刻沟和穴状刻点，是观赏和把玩的重要特征。底座中心长有圆形、椭圆形或棱形的脐，是果实通过果柄和结果枝相连通的营养和水分运输通道（图26，图27）。

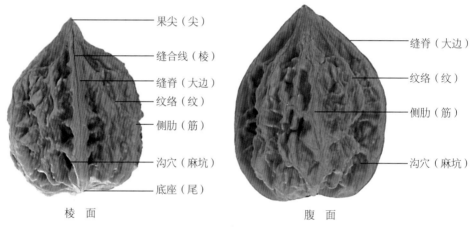

棱 面　　　　　　　　　　腹 面

图26　坚果棱面和腹面结构

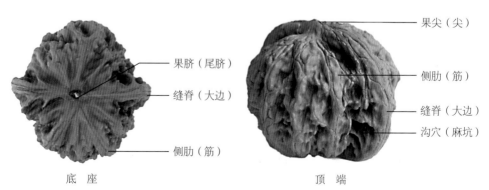

底 座　　　　　　　　　　顶 端

图27　坚果侧面和底部结构

3.坚果壳皮内部包括内褶壁、横隔、种皮、种仁和胚等部分。其中内褶壁及横隔由内果皮衍生而来。内褶壁呈骨质蜿蜒状，与内果皮呈波浪连接，有薄有厚，有离有合，包围于种仁外层。横隔为两孔状与内褶壁相连，革质较硬，将种仁分成中部相连的两部分。两孔横隔中有呈"非"字形的输导组织，生长于横隔和内褶壁之间，是供应两个心皮营养物质的输导组织。种皮由珠被发育而成，包于种仁外层，呈被覆网状输导组织。种仁由子叶发育而成，顶部生有心脏状胚芽。种仁呈"央"字形，两翼呈蝴蝶状，中间凹陷。种仁因发育程度不同而有饱满度的差别，造成心室中常有大小不同的空腔，常因种胚发育不全或中途败育所造成。据裴东等观察，麻核桃平均出仁率为≤30.35％，平均发芽率约为19.1％（图28，图29）。

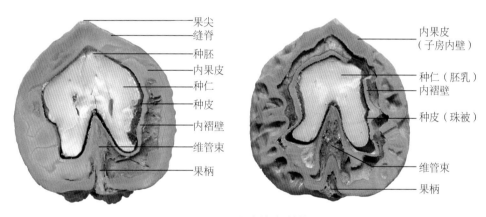

图28　坚果纵剖各部结构

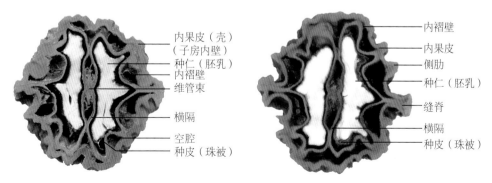

图29　坚果横剖各部结构

（图26至图29剖面制作及摄影　张麟呈）

第三节　坚果外部特征表述

为方便表述和评价麻核桃坚果的品相和质量，将麻核桃坚果外表各部位名称和俗称统一如下，以供参考。

1.果形（形）——外部轮廓形状。如圆形、方形、椭圆形以及端正和对称状况。

2.大小（个）——以坚果纵径×胴部的横径或三径（纵径×横径×棱径）参数（厘米，毫米），表示坚果体积大小。

3.纹络（纹）——壳皮表面的沟纹、穴点的形状、深浅、大小等。

4.缝脊（大边）——坚果两半球状缝合形成的脊状突起。包括数量、高低、宽窄、厚薄、包合程度等。

5.果尖（尖）——坚果顶端特征。如微尖，突尖、钝尖、长尖、凹尖等。

6.果座——坚果底座特征。如大小、宽窄、平圆、形状等。

7.侧肋（筋）——坚果缝脊以外的两侧肋状突起的数量、宽窄、包合程度等。

8.果脐（脐）——底座中心脐部的形状、空实和密闭程度等。

9.壳色（色）——壳皮颜色。如浅黄、深黄、黄褐、花斑、白色等。

10.重量（打手）——正常成熟晾干后坚果平均重量（克）。

麻核桃坚果大小和纵横径不同类型变幅较大。如冀龙坚果纵径变幅为44.6～51.9毫米（平均48.2毫米），横径变幅为37.0～46.4毫米（平均42.0毫米），坚果纵剖面缝脊壳平均厚度为8.8～12.0毫米（平均10.46毫米），横剖面为4.30～5.60毫米（平均5.08毫米），底座壳厚为5.56～16.30毫米（平均10.90毫米），刻沟深度为0.56～0.87毫米（平均0.69毫米），内褶壁厚度为0.44～0.97毫米（平均0.77毫米）。

第五章 繁殖方法和栽培技术

FANZHI FANGFA HE ZAIPEI JISHU >>

第一节 繁殖技术

一、芽接育苗

通常用普通核桃实生苗作砧木，春季播种长成的砧木苗于第二年早春萌芽前将砧木苗平茬、浇水，待苗木长到高5厘米时除去多余萌芽，高达20厘米时摘心以增加粗度。芽接技术规程如下：

1. **嫁接时期** 播种后第二年5月下旬至6月下旬，当砧木苗基部直径达到1厘米左右时进行方块状芽接。

2. **接穗采集** 选取健壮麻核桃发育枝作接穗。接穗剪下后随即剪掉叶片，只保留1.5～2.0厘米叶柄，并用湿麻袋覆盖防止失水。

3. **接穗存放** 要求现采现用。如需短期保存，需将接穗捆好后竖放到盛有清水的容器内，接穗下部浸水深度10厘米左右，上部用湿麻袋盖好，放于阴凉处。每天换水2～3次，可保存2～3天。

4. **切取芽片** 在接穗适用芽上部0.5厘米和近叶柄基部以下0.5厘米处各横切一刀深达木质部，切勿切入木质部。然后，在叶柄基部芽两侧两个横切口之间各纵切一刀，长过两个横切口，取下完整无损方形芽片备用。

5. **砧木切割** 在砧木离地面15厘米光滑处，切割长度与芽片长度相同、宽度约1.2～1.5厘米的上、下两个两横切口，再在一侧两横切口之间，纵切深达木质部，然后从侧切口处将砧木皮挑开，撕去0.6～0.8厘米宽的砧皮。

6. **放入芽片** 将切下的芽片镶嵌到方形砧木开口中，用0.007毫米或0.014毫米厚的地膜条绑缚接芽，包扎严密，并在接芽以上留2片复叶剪砧或折砧。

7. **剪砧** 芽接后10天左右，接芽叶柄一触即落、或少部分接芽开始萌发时，在接芽上2.0～3.0厘米处剪砧。接芽萌发生长到10厘米时，去掉绑缚物。

8.检查成活和补接 芽接后15～20天检查成活。对于芽接未成活的砧木苗，应及时进行补接。

9.除萌 芽接后的砧木容易产生萌蘖，应在萌蘖幼小时及时除去，以免与接穗和接芽争夺养分，影响嫁接成活和芽接苗的生长。

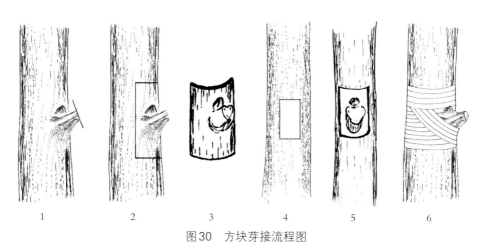

图30　方块芽接流程图

1.剪去接穗叶片　2.切取方形芽片　3.取下接穗芽片　4.砧木方形去皮接口
5.放入新鲜芽片　6.接口包扎严密

二、高接换优

高接是指在多年生砧（树）木上，嫁接或改接优良品类麻核桃的方法（图31），具有改劣换优、资源利用、增产增值、结果早、见效快等优点。可以根

多头高接工作状　　　　　　　　　　单株独头高接成活状

图31　大树多头高接

据砧树年龄和树冠大小施行单干高接和多头高接。高接可于春天锯出嫁接位置，长出新枝后，选留位置适宜的新枝，按上述方法芽接。也可在春天进行枝接，枝接时应掌握好以下几个环节：

1.砧木选择　砧木应选立地条件较好、便于管理的30年生以下的健壮树。于嫁接前一周按树冠从属关系选锯好接头。幼龄树可直接锯断主干，在断面处进行枝接。大树分枝多可实行多头高接。嫁接部位（接头）直径以5厘米以下为宜，过粗不利于砧木接口断面的愈合，也不便绑缚。提前断砧的目的在于放水（伤流）。伤流多时还可在树干基部距地面10～20厘米处，螺旋状交错锯3～4个锯口，深入木质部1厘米左右，促进伤流液流出，以免伤流液积蓄在伤口造成缺氧，不利愈伤成活。为了避免大量伤流发生，嫁接前后各20天内不要灌水。

2.接穗采集　从落叶后到翌春萌芽前均可采集。北方核桃抽条严重或枝条易受冻害的地区，以秋末冬初（11～12月）采集为宜。此时采集的接穗要妥善保存，关键是防止贮藏过程中接穗水分损失。冬季抽条和寒害较轻的地区，最好在春季接穗萌动之前采集或随采随接。这样，接穗贮藏时间短，接穗养分和水分损失较少，能显著提高嫁接成活率。

接穗应采自树冠中下部外围生长充实、粗1～1.5厘米的发育枝。要求健壮充实、髓心较小、无病虫害、发育充实的枝段作为枝接接穗。采后每30或50根扎成1捆，标明品种（类）名称、采集时间、母树位置。

3.接穗贮运　接穗越冬贮藏可选背阴处，挖宽1.5～2米、深80厘米的贮藏沟，沟的长度依接穗的多少而定。将标明品种（类）的接穗平放在沟内，接穗的堆放厚度不宜太厚。 30和50根的小捆每放一层，两层之间加10厘米左右的湿沙或湿土，最上一层接穗上面要覆盖20厘米的湿沙或湿土。为了保持土壤或沙子的湿度，接穗放好后需要浇一次透水。土壤结冻后，将上面的土层加厚到40厘米。冬季采集的硬枝接穗不要剪截，也不进行蜡封（防止操作中脱蜡），以免因水分损失而影响嫁接成活。接穗最适的贮藏温度为0～5℃，最高不能超过8℃。硬枝接穗需长途运输时，一定要在气温较低且接穗萌动前进行，而且要进行保湿运输。可将接穗用塑料薄膜包严，膜内放入湿锯末或苔藓进行保湿。

4.接穗的处理　枝接用的接穗，嫁接前要进行剪截与蜡封等处理。接穗剪截长度以保有2～3个饱满芽为度。剪截时要特别注意顶部第一芽一定要完整、饱满、无病虫害，顶端第一芽距离剪口1.5厘米左右。枝条的顶部梢段一般不充实，组织疏松、髓心较大，芽体松瘪，剪截时应去掉。

蜡封能有效地防止接穗失水，提高枝接成活率。最好在嫁接前15天左右进行蜡封，不宜太早。蜡液温度控制在90～100℃，为了控制蜡液温度，可在熔蜡容器内加入50%左右的水。操作中应注意蜡温不能过低，蜡温低于90℃接穗表面蜡膜加厚，黏附程度降低。接穗表面水湿时，蜡膜发白，容易剥落。蜡封好的接穗打捆，标明品种（类）后，放在湿凉环境中(如地窖、窑洞、冷库等)备用。

5.**嫁接时期和方法**　嫁接时期以砧木萌芽期至末花期(北方约为4月上中旬至5月初)为宜。各地可根据当地的物候期等情况确定适宜高接时期。接穗贮存良好，芽尚未萌动就可以嫁接。嫁接方法以插皮舌接法为好。依砧木的粗细，每个接头插入1～2个接穗。插好接穗后，用塑料条将接口绑缚严密。

6.**接后管理**　接后20～25天，接穗陆续萌芽抽枝，待新枝长到20～30厘米时，应绑支棍固定新梢，并及时摘心，以防风折。并随时除去砧木枝干上的萌蘖枝。如接头无成活接穗，应留下1～2个位置合适的萌蘖枝，在当年7～8月份芽接，也可在第二年春枝接。接后两个月，当接口愈伤组织生长良好后，及时除去绑缚物，以免阻碍接穗的加粗生长。

第二节　栽培技术

一、栽植及栽后管理

1.**栽植方式**　麻核桃树体高大，对通风透光要求较高，株行距通常可采用5米×7米。在地势平坦、土层深厚、肥力较高土壤上栽植，麻核桃的长势强，生长量大，株行距应大些。在土壤和气候环境条件较差的地块栽植，株行距应小些。

2.**品种配置**　因麻核桃属雌雄同株异花植物，应注意授粉树的配置。建园时最好同时选用几个与主栽品类雌雄花期能够互补的品种。

3.**栽植时期**　主要分为春季栽植和秋季栽植。不同地区，应根据当地具体的气候和土壤条件而定。冬季严寒多风地区，由于冻土层较深，秋栽易受冻或抽条，以春栽为宜。由于北方地区春季干旱多风，应特别注意灌水和栽后管理。冬季较为温暖、秋栽不易发生抽条的地区，可在落叶后秋栽或萌芽前春栽均可。

4. **栽植方法** 根据设计的株行距挖宽、深各1米的定植坑，然后将混合好肥料的表土填入坑内，再将要栽植的树苗放入坑内，舒展根系，边填土边踏实，使根系与土壤密接，同时校正苗木栽植位置，使株行整齐，苗木主干保持垂直。并使根颈高于地面5厘米左右，培土高于原地面5～10厘米，以保证疏松的土壤经浇水踏实下陷后，根颈仍高于地面。然后，打出树盘，充分灌水，待水渗后用土封严。最后覆盖一块80厘米×80厘米的地膜，地膜四周和苗木基部用土压严，以保墒增温，提高苗木的栽植成活率和苗木的生长量。

5. **栽后管理** 为了提高苗木栽植成活率，促进幼树生长发育，必须加强栽后管理。包括检查成活与补植、施肥灌水、幼树防寒、幼树定干等。

（1）检查成活与补植 春季萌芽展叶后，应及时检查栽植苗木的成活情况，对未成活的植株及时补植同一品种苗木。

（2）施肥灌水 栽后应根据土壤的干湿状况及时灌水，以提高苗木栽植成活率，促进苗木的生长发育。春、夏两季，可结合灌水追施适量化肥，前期以追施氮肥为主，后期以磷、钾肥为主。

（3）防幼树抽条 我国华北和西北地区，冬季寒冷早春风多的地区，麻核桃地上部易发生抽条（失水）现象。防止抽条的主要措施是加强肥水管理和树体管理、防治病虫害，提高树体自身的抗冻性和抗抽条能力。7月以后结合控制灌水和摘心等措施控制枝条旺长，增加树体的贮藏营养和抗逆性。在此基础上，冬季应对幼树采取埋土防寒、培土防寒、培月牙埂或采取枝干涂白、涂刷羧甲基纤维素或聚乙烯醇等人工辅助防寒措施，以减少枝条水分损失，确保安全越冬。

二、整形修剪

1. **整形**

（1）树形 麻核桃树体高大，生长势强，要求光照充足，有明显的中心干，宜整成疏散分层形。干高为1.2～1.5米；中心干上着生主枝5～6个，分为2～3层。第一层主枝3个，第二层2个，第三层1个。各层主枝要上下错开，避免重叠遮光，主枝的基角应大于60°。第一至第二层主枝间距离100～150厘米，第二至第三层主枝间距离80～100厘米。最上层主枝以上落头开心。各主枝向外分生2～3个侧枝。成形后，树冠为半圆形，枝条多，结果面积大，通风透光良好，树体寿命长，产量高。整形过程如下：

（2）定干　定干高度一般为1.2～1.5米。土层薄、土质差、无间作的坡地，定干高度可0.8～1.2米。

（3）主、侧枝培养　定干当年或第二年，在主干高度以上选留3个不同方位（水平夹角约120°）、生长健壮的枝作为第一层主枝。主枝开张角度以80°左右为宜。在树冠顶部选垂直向上的壮枝作中心枝，继续延长生长。

（4）在第一层主枝以上100～150厘米选留第二层主枝2个。同时在第一层主枝上选留侧枝，第一侧枝距主枝基部80～100厘米。

（5）6～7年生时，在培养第一、二层主、侧枝过程中，根据树体具体情况，可于第二层主枝以上落头开心，或选留第三层主枝1个。第二层和第三层主枝的层间距80～100厘米。选留主枝后落头开心。

2．修剪

（1）修剪时期　分为生长季修剪和休眠期修剪。冬季修剪具有集中养分、增强树势和枝势的作用。夏季修剪具有削弱及缓和树势、枝势的作用。夏季修剪对于骨干枝和结果枝组的培养具有非常重要的作用。在核桃整形修剪中，应将夏季修剪与冬季修剪有机地结合配合使用，达到调节树势，提高产量和品质的目的。

（2）短截促进分枝　麻核桃分枝能力差，长枝较少，通过短截发育枝可有效增加分枝。短截的主要对象是侧枝上着生的旺盛发育枝，但短截数量不宜过多，一般占总枝量的1/3左右，并使被短截的枝条在树冠内分布均匀。短截程度主要有中短截（剪去枝条长度的1/2左右）和轻短截两种（剪去枝条长度的1/3左右），不宜采用重短截。

（3）控制徒长枝　徒长枝如不及时加以控制会扰乱树形，浪费树体营养，影响通风透光。幼树期徒长枝的处理主要是对无用枝从基部疏除，也可根据空间和用途少量保留，通过短截、夏季摘心等方法培养成结果枝。

（4）改善光照　麻核桃属强喜光树种，成龄大树由于内膛光照条件变差，容易造成枝条枯死，导致内膛空虚、结果部位外移。因此，应有计划地培养调整和更新结果枝组。对于内膛过密、交叉、重叠、细弱、病虫、干枯等枝条应及时疏除，改善光照条件。

三、人工授粉

麻核桃花粉败育率较高，为了提高授粉受精和坐果率，应进行人工授粉。做法是采集核桃楸或不同品类的麻核桃将要散粉的雄花序，摊放在室内20～

25℃的干燥环境下。待花粉散出后，筛出花粉装瓶并放在2～5℃条件下保存备用。授粉的最佳时期是雌花柱头呈羊角状倒"八"字形张开时。授粉时可将花粉用5～10倍的滑石粉或淀粉稀释，用小型喷粉器进行喷授，或将稀释后的花粉装入2～3层纱布袋内在上风面进行抖授。也可配成1∶5 000的花粉水悬浮液进行喷授，还可在树冠不同部位悬挂雄花序或雄花枝，依靠风力授粉。

四、人工疏雄

麻核桃雄花序量非常大，通过疏除过多雄花芽（序）可以减少树体水分和养分的消耗，改善雌花和果实的营养条件，提高坐果率和坚果质量。从节约养分和水分的角度分析，疏雄时期越早越好。经验表明，疏雄的最佳时期是雄花芽开始膨大期。此时雄花芽比较容易疏除且养分和水分消耗较少。疏雄量以占总雄花序量90%～95%为宜。

第六章 果实采收和采后处理

GUOSHI CAISHOU HE CAIHOU CHULI >>

第一节 采收适期

麻核桃的正常采收时间一般在8月上旬至9月上旬（立秋至白露）。因为它的坚果壳皮于6月下旬至7月上旬硬化，进入8月完成木质化，达到采收适期。但是，不同品类成熟早晚不同，相差10～20天。不同年份和不同生长情况的同品类核桃，有时成熟期相差10天左右。因此，不同类型、不同立地条件和不同年份，还应根据实际情况具体确定采收时间。

麻核桃适时采收很重要。采收过早，外壳木质素未完全沉积，易出现顶尖发白和壳面花斑现象，坚果质轻，缺乏骨感，不容易包浆上色，严重影响坚果外观品相。采收期过晚，壳面颜色变深，壳皮容易开裂，影响把玩价值。为提高坚果品质和品相，提倡不同品类分期采收。

为保证坚果壳皮完好，实行手工采摘，并且轻采、轻拿、轻放，尽量减少机械损伤，以提高坚果质量和青皮果的贮藏期，方便脱青皮加工处理。高处的青果可用高枝剪从果柄处剪下，落入布袋中。也可用带铁钩和收果袋的竹竿或木杆顺枝钩取。采收后把完好青皮果和损伤果分开装箱，分别处理。

第二节 采后处理

青果皮中含有很多水分，在温度较高的条件下堆放极易腐烂变质，降低麻核桃坚果的质量。因此，在采收后应及时进行处理。处理方式根据销售方式不同，分为两种：一种是青皮果采收后直接进入冷库存放，带青皮销售；另一种是除去青皮干燥后销售。

一、青皮果冷库贮存

近年有些收购商喜欢购买带青皮麻核桃，然后在市场上像赌石一样卖青皮果。因此，采后青果需进行冷藏待销。方法是选择没有机械伤的青果尽快包好网套装入冷藏专用纸箱内，放入冷库中存放，以延长市场供应期。每箱装的果实类型、大小一致，青皮完整新鲜，箱外标明名称数量。青皮果实在3～5℃密封条件下，可保鲜6个月。适当提早采收有利延长贮藏期。

二、脱除青皮

1.直接处理 青皮果采摘后立即用刀剥皮，深至壳皮部，再用硬毛刷蘸水刷去残留在沟纹里的碎皮杂质。最后用清水洗净，放在通风干燥处阴干。此法多用于量少或有机械伤的青皮果处理。

2.乙烯利处理 将采收后的青果在0.5%乙烯利溶液中浸蘸约30秒，然后按30～50厘米的厚度堆放在阴凉处，并用塑料布密封。在空气温度30℃、相对湿度80%～95%的条件下3天左右离皮率可达95%。这种催熟后的青皮果用刀划开青皮，果和皮很容易分离。再用硬毛刷清理沟纹里的碎皮杂质，用清水洗净，放在通风干燥处阴干。乙烯利处理时间长短和用药浓度与果实成熟度有关。果实成熟度较好，用药浓度可低些，催熟时间也短。

脱皮后的坚果清洗时要轻拿、轻放，忌用机械清洗，以免损坏壳尖和壳面。清洗后的坚果不能阳光暴晒，防止壳皮开裂。

三、坚果贮藏

将晾干后的坚果装入纸箱内，存放在室内阴凉、干燥、通风、背光的地方。切勿将尚未干透的坚果过早地装进密封袋里，以免果面发霉、皮色变绿或变黑。有条件时可将坚果放在0～10℃低温环境中保存，但必须做好防潮处理。长期存放时，要做好防霉、防虫蛀、防出油等措施。

第三节　分级和包装

一、分级

去青皮后的麻核桃首先按其纵横径或体积大小进行分级，一般分为大果（高宽均为>40毫米）、中果（高宽均为39～30毫米）、小果（高宽均为29～20毫米）和迷你果（高宽均为<19毫米）。再根据坚果的形体、壳面、纹理、缝

脊、侧肋、果座、果脐等进行配对。

二、包装

麻核桃分级配对后，放入封口袋中。包装时将两个核桃隔开放置，以免互相碰撞伤尖及纹理。包装的容器有木质、纸质等做成的盒子，盒内衬以防磨、防湿的软质绒布，并配以养护工具、包装袋和手疗说明。根据麻核桃的大小选择适宜的盒子，包装要衬托出核桃的雍容华贵，还要反映出丰富的文化内涵。

图32　包装袋及礼品盒

第七章 资源保护和开发利用

ZIYUAN BAOHU HE KAIFA LIYONG >>

第一节 资源保护

一、资源概况

麻核桃是核桃属植物中分布范围最窄、数量最少的一个种，自然分布在北方各省（直辖市）低山丘陵缓坡地或沟谷地带。适宜于四季分明的温带大陆性季风气候。自然状态下，麻核桃常与核桃和核桃楸混生，其小叶外形、数量以及坚果外观特征均介于核桃与核桃楸之间，种仁因为各种原因发育不良。由于长期自然杂交、世代繁衍，形成后代类型多样、坚果特点各异的单株和群体。近年来，采用麻核桃为母本进行杂交选育和人工授以异种花粉等手段创新麻核桃种质，大大丰富了我国的麻核桃种质资源。类型多样、特点各异的麻核桃不断出现，各地建立的麻核桃嫁接园不断增加。

二、资源保护

麻核桃因其坚果外形特殊，壳面纹理皱褶变化多样，适宜雕刻、观赏和把玩等，历来为人们所喜爱，民间称之为"耍核桃"或"文玩核桃"。20世纪初至中叶，由于连年战争，大量麻核桃树被砍伐，木材用于制枪或军工，造成麻核桃濒临灭绝的境地。因为它的坚果食用价值不高，木材生长缓慢，以及种子自然繁殖能力低等特点，麻核桃的发展非常缓慢。改革开放以后，随着人民生活水平提高，野生植物资源被开发利用，人们对麻核桃的认识和把玩健身兴趣日益浓厚，收藏家们也将麻核桃作为关注焦点。近年来韩国、日本等国对麻核桃坚果十分青睐，以很高的价钱从中国进口麻核桃坚果，使这个古老得几乎为人们所遗忘的树种又被重新挖掘和重视起来。随着一些优良类型和坚果奇异单株的不断发现，加上近几年市场的炒作，造成一些优良麻核桃资源被垄断。少数人受利益驱使和市场的无序竞争，不断出现抢青、采青、砍树摘果、采后伐树、剥皮致死和强行移树等情况，致使某些稀有种质濒临灭绝。因此，对于我国独有的这一特异种质资源的保护迫在眉睫，亟待解决。

河北省涞水县生产麻核桃有悠久的历史，优质资源较多，因所产麻核桃坚果壳皮硬度高、分量重、品相好，出产较多优级和一级产品，早在清代就成为了达官显贵们的首选。随着人民生活水平的提高，特别是中国加入WTO后，给麻核桃产业发展带来了前所未有的机遇。为更好地保护和挖掘麻核桃种质资源，涞水县林业局抽调精干力量进行专项调查，在保护性开发当地种质资源的基础上，陆续引进狮子头、公子帽、虎头等系列品类，不但保护了本地麻核桃资源和增加了新种质，而且进一步繁荣了麻核桃市场，提高了农民的收益，成为了远近闻名的麻核桃生产和销售基地。2010年11月24日，在北京召开的国家质检总局涞水麻核桃地理标志保护产品专家评审会上，专家组一致通过涞水县麻核桃成为国家地理标志保护产品。

河北德胜农林科技有限公司，自20世纪90年代后期开始种植麻核桃，并花费巨资多方收集100多个麻核桃类型，建成了麻核桃种质资源圃，为麻核桃种质资源的保护和开发利用提供了有利条件。

北京市门头沟区科技开发实验基地2007年开始深入各乡镇对野生麻核桃资源的种类和数量进行调查，开展麻核桃资源保护与新品种选育。已选择培育了3种优良类型砧木、采集了10种优良类型接穗，并进行了嫁接保存。同时还培训了麻核桃嫁接和栽培管理农民技术人员200余人次，完成了门头沟付家台、黄塔和区科技开发实验基地三处麻核桃资源保护示范工程。既有效保护了濒临灭绝的麻核桃资源，又为果农致富开辟了新的途径。

随着麻核桃收藏把玩热情的持续升温，商人和农民都大力寻找和开发新类型文玩核桃，把深藏在崇山峻岭中的一些新类型陆续开发出来，是发掘、保护和创新麻核桃种质资源的大好时机。主管部门应予以重视并因势利导，建立起本地特有种质资源圃，使麻核桃资源得以保护、延续和繁衍。

第二节　开发利用

资源保护和开发是一件事物的两个方面，相辅相成，不可偏失。麻核桃是我国特有的种质资源，其保护意义和开发价值尤其重要。只有在保护的基础上适度开发和在开发中重视保护，才能达到持续发展，长盛不衰。

麻核桃食用价值很低，但其坚果壳皮沟纹丰富，外形诱人，常作为人们日常休闲健身的"掌中宝"，用于活血健身和手疗。微雕核桃或粘片制成丰富多彩的精美艺术品，更加使人赏心悦目，具有很高的开发利用价值和开发潜力，也为麻核桃合理开发、利用创造了大好机遇。

麻核桃资源保护和利用的关键是提高人们对这一种质资源的思想认识和组织保障，树立保护麻核桃资源就是保护生态环境、发展经济的理念。为更好地保护、利用和发展这一宝贵资源，提倡在不破坏生态环境的前提下，对麻核桃资源进行合理的开发利用。

1.加强组织领导，建立协调机构　保护麻核桃资源是一项长期性的事业，必须得到各级领导和主管部门的重视。资源保护工作不是一蹴而就，需要有全局和长远观念。同时，要建立政府牵头，职能部门、企事业相关单位参与的协调机构，紧紧围绕麻核桃保护和开发主题，解决相关问题。

2.依靠科技，加强麻核桃资源的病虫害防治　以科研院所和技术推广单位为依托，提高麻核桃林有害生物防控整体水平。建立森林病虫害防治预警体系，充分保护和利用天敌资源，达到无污染控制虫害的目的，从重化学药物防治向重生物防治转变发展。不断增加麻核桃种植面积，提高坚果的质量和产量。

3.多渠道筹集资金，确保资源保护和开发利用　麻核桃的保护和合理开发涉及不同部门和不同行业，需要聚集与整合多方优势，充分调动和发挥地方、行业、企业、民间组织等各方面的积极性。多渠道筹措资金，满足资源保护和产业开发的需要。通过选育优良麻核桃新品种，对现有实生树进行高接改造，提高坚果产量和坚果品质。麻核桃的青皮、根、叶中含有多种重要的化学成分，具有很高的药用价值。在不破坏林木资源的前提下，最大限度地开发利用现有资源。

4.加强宣传力度，增强资源保护意识　利用各种宣传媒体进行广泛宣传，提高全民对麻核桃资源的保护意识，充分认识麻核桃资源是森林资源的重要组成部分，以及在水土保持、地方经济发展、强农富民方面的重要作用。

5.合理利用资源，进行产业化开发　在保护麻核桃资源的同时，合理进行产业化发展，有利于资源的进一步保护和开发，形成良性循环。通过引进人才、资金，扩大社会的影响面，发展加工、销售一条龙的新型产、供、销企业，形成独具特色的产业链。并可安置下岗休闲人员，有利于社会稳定。

ZHONGGUO
MAHETAO

下篇

第八章 坚果类型、分级及名称

JIANGUO LEIXING、FENJI JI MINGCHENG >>

第一节 坚果类型划分

我国麻核桃主要分布在北方各省（直辖市），由于地理、纬度、气候等方面的差异和多年自然杂交等原因，形成很多各具特点的类型。加之一些植株因坐果部位、营养状况和外界条件的影响，结出的坚果的形状、纹理、质地也会有所不同。同一类型树所结的坚果，其棱脊多少、纹理粗细、果桩高低、体积大小、壳皮厚薄、重量轻重、刻沟深浅、形状长圆、底座尖方、颜色深浅，变化多样，特点纷繁，上品"千里难挑一，万中难配对"。这些在自然界中早已存在的多样性变化，在今后发展进程中还会继续演变。各地出现的形形色色的麻核桃，是我国的宝贵种质资源。

20世纪80年代末，麻核桃作为保健、把玩、欣赏、收藏品，初步形成购销市场。进入21世纪，随着人们生活水平的提高，文化需求增强，麻核桃作为文化产品和独特商品越来越受重视，市场价格日益攀升，类型不断增加，名称五花八门。如各种各样的狮子头、虎头、公子帽、官帽、鸡心、桃心、蛤蟆头等不下数十种，令人眼花缭乱，难以区分。有些利用某种坚果的细微变化而随意起名，冠之以"最新"品种，以招揽顾客，售出高价，实则同属于某一种类型，作为商品无可厚非。正如资深行家所说：别看市面上花样很多，但万变不离狮子头、公子帽、官帽和鸡心四大名核。

作为文玩的麻核桃目前尚无品相质量标准，名称很不规范，造成有市场无规范，有交易无标准，全凭市场运作。为此，笔者根据近年麻核桃市场经营销售情况和对市场的调研分析，听取多年从事麻核桃经营者的建议，本着"路是人走出来的"想法，提出以坚果主要特征为基础的麻核桃坚果分类依据和系列划分意见。希望在试行中不断修改完善，逐步规范麻核桃市场。

一、划分依据

1.主要依据坚果形状、大小、沟纹状态、顶尖特点、底座特征、缝脊宽窄等显著特点，将现在市场流通的麻核桃多种名称归分为5个系列。

2.每一个系列在主要特征相似的情况下，再根据坚果外部次要特征变化分为不同类型或具体名称。

3.凡经过省级以上果树优良品种审定机构审定或认定的优良品系或单株可以认定为"品种"，并正式命名（如冀龙）。其他均为优良类型或优良单株。

4.列入5个系列的品类均应经过高接鉴定，证明其坚果主要特征具有稳定的遗传性状和该系列的显著特征。

5.为便于市场交易，在过渡期内各系列中的类型名称仍暂用目前市场流行和约定俗成的名称。

二、系列划分

1.宫灯系列　包括各种狮子头、虎头、蛤蟆头、马蹄等。主要特征是坚果纵横径相近，外观近圆形，矮桩大座，肚胖微尖，纹沟窄细，点网相间，缝脊中宽（参阅图33，图34）。

2.寿桃系列　包括各种鸡心、桃心、将军膀等。主要特征是纵径大于横径，底座较小，顶部渐尖，缝脊较窄，沟纹粗旷，侧肋明显，纹理网状，沟穴深凹（参阅图37，图38）。

3.佛耳系列　包括公子帽、官帽等。主要特征是缝脊似耳且宽，从顶部纵包到底座，果肩平斜，果尖较钝，纹理网状，沟穴少而浅，底座较平（参阅图35，图36）。

4.异型系列　包括鸟嘴、鹰嘴、蜂腰、花生、灯笼等。主要特征是自然生成或经过人工强制变形的各种异型坚果，性状多样，尖座各异，名称随意。

5.雕琢系列　利用果形和纹理特点，雕琢成多种多样、形态各异的艺术品（参阅图55至图69）。

第二节　坚果质量和分级

一、质量评价

麻核桃坚果的质量是区分品相优劣的重要指标，也是商品售价和消费者选择的重要依据。当前市场中只有民间传统的经验和市场约定俗成的评价方法，尚无明确的质量标准。

当前麻核桃市场有两个选择评价指标：一为参数指标。分为大果（高宽均为>40毫米）、中果（高宽均为39～30毫米）、小果（高宽均为29～20毫米）和迷你果（高宽均为<19毫米）。二为手测指标。分为大丈把（拇指和食指合围间容一拇指），小丈把（间容一小指甲）和小把位（间容一韭菜叶）。两种评价指标均按坚果体积大小或最大横径分类，并无其他衡量项目，较为粗糙。有时还将响声、棱数、纹络、磁性、玩龄、配对等，列为判别坚果质量内容，就更难于掌握和应用了。

评价坚果质量（品相）应具有科学依据和具体的衡量指标。主要应涵盖坚果形体端正状态，两侧是否匀称；壳面完整状况，全果颜色变化；纹理刻沟美观程度及两侧分布状况；缝脊包合程度；侧肋聚收状况；果座大小和平稳状态；果脐大小和严密情况等。5个系列中每一个系列都应有上述主要特点表述，但不同系列应各有侧重。

二、质量分级

质量分级是规范麻核桃市场和便于购销的必要措施。现以寿桃系列（冀龙）为例，初步提出评价项目和分级指标参数（表1）。麻核桃坚果质量评价项目主要分为级别、形状、平均横径、平均纵径、平均重量、缝脊特点、沟纹特点、果尖特点、果座特点、壳皮颜色、残损程度等11项。其他系列的分级指标项目和相关参数可依据该系列特点和分级要求另行制定分级和评价内容。

表1　冀龙坚果分级指标

级别	形状	横径（毫米）	纵径（毫米）	重量（克）	缝脊特点	沟纹特点	果尖特点	果座特点	壳皮颜色
优级	尖卵圆形	≥45.0	≥50.0	≥30.0	突出，无缝隙，中部较宽，两侧纹理刻沟、点穴深邃颜色均匀	肋脉数条，纵向为主，网状结构，深而有序，颜色均匀，无白边	渐尖或突尖，部位端正，无缝隙，两侧对称，无残损	圆形，平稳，缝脊与主肋脉十字交叉，脐无孔隙，收缩良好	深黄，无白斑果
一级	尖卵圆形	43.0～44.9	46.0～49.9	26.0～29.9	突出，无缝隙，中部较宽，缝脊两侧刻点深邃，颜色均匀	肋脉纵向为主，点网状分布，沟穴并存，颜色一致，无白边	渐尖或突尖，部位端正，无缝隙，两侧对称，无残损	圆形或突起，缝脊和主肋十字交叉，较平稳，脐无孔隙，收缩良好	深黄，无白斑果

（续）

级别	形状	横径（毫米）	纵径（毫米）	重量（克）	缝脊特点	沟纹特点	果尖特点	果座特点	壳皮颜色
二级	卵圆形	40.0～42.9	40.0～45.9	21.0～25.9	较突出，无缝隙，中部中宽，缝脊两侧沟点较碎，颜色均匀	肋脉纵向分布为主，支脉斜向较显，颜色基本一致	渐尖或突尖，无缝隙，少量歪尖（5%），无残损，白尖果<5%	圆形有突起，缝脊与肋脉收缩较好，交会清晰，脐稍有孔隙（<5%）	黄色，白斑果<5%
三级	尖圆形	35.0～39.9	37.0～39.9	16.0～20.9	较突出，无缝隙，中部略宽，两侧沟点较浅而碎，颜色均匀	肋脉方向不一，多斜向分布，沟、穴深度较浅，颜色不甚均匀	渐尖或突尖，稍有缝隙，歪尖<5%，无残损，白尖果<10%	有突起，不平稳，缝脊与肋脉交汇清晰，脐稍有孔隙（<10%）	黄色，白斑果<10%

第三节　规范名称

　　麻核桃坚果因为类型和名称很多，随意性很强，有时行家里手也难于辨认。如同为狮子头类麻核桃，因其形状、纹络稍有不同，出现了诸如宫灯、大小狮子头、虎头、密纹、高桩、马蹄、宽边、粗纹、凹底、圆笼、长笼、水龙纹、矮桩等多种名称。同为鸡心类麻核桃又有罗汉头、大桃心、小桃心、状元冠、大花、将军膀、蛤蟆头、三棱等名称。同为官帽类麻核桃，又有公子帽、官帽、相公帽、宫帽等名称。这种同类异名、同物异名的状况非常普遍。此外，因坚果胖瘦、底座大小、纹络稀密、棱数多少、缝脊宽窄等衍生出更多名称。此外，近年出现以地名命名的麻核桃则会出现同一类型因产地不同而名称各异，造成同物异名现象并不少见。

　　坚果不同形状和特征是多种原因造成的。即使同一系列中同一株树上结出的坚果，也会有细部差异。这与授粉种类、受粉条件、坐果位置、营养状况等有密切关系。

　　栽培品种是按人类需要选育出来并具有一定经济价值的作物群体。同一个品种内个体间的遗传性相对稳定，在植物学特征、生物学特性、果实性状应相对一致，并具有一定的经济价值和对外界条件适应能力。如冀龙是通过多年（1984—2005年）选择培育、高接鉴定、现场检测、科学鉴定和审定机构认定而成为麻核桃中第一个品种的。未经省级以上科学鉴定的只能称为优良类型或优良株系，尚不能成为"品种"。

作为保健、艺术、鉴赏、馈赠品的麻核桃，已被各阶层人士接受，并形成各地规模不同的商品市场。为了规范麻核桃市场营销，便利市场交易，首先将目前还没成为品种的混乱名称进行甄别归类、重新命名，作为过渡时期的初步规范措施。对前述的宫灯系列、寿桃系列和宽耳系列中的类型提出进一步划分意见，供大家参考。希望读者和爱好者提出改进意见，使麻核桃的名称逐渐走上规范之路。

1. **宫灯系列**　根据坚果高矮、纹理和大小的不同等，命名为各种类型宫灯。如高桩宫灯、矮桩宫灯、粗细纹宫灯及大小宫灯等。

2. **寿桃系列**　根据坚果形体胖瘦、形状、纹络深浅、棱数多少等特点，命名为各种类型寿桃。如大寿桃、小寿桃、大肚寿桃、大花寿桃、刻纹寿桃、三棱寿桃等。

3. **佛耳系列**　根据缝脊（边，耳）宽度、纹理络粗细、包边状况等特点命名为各种类型佛耳。如大佛耳、小佛耳、全包佛耳、粗细纹佛耳等。

第九章　坚果选择和把玩

第一节　坚果选择

选择称心如意的麻核桃，是卖家和玩家都很看重的事情。但因爱好、职业、性别、观念等差异，需求有所不同。在明清两朝时期的官府中表现尤为突出。一些官员在晋见皇帝或与同僚攀谈、议事或在大堂审理案件时，常在袖中藏揉一对小麻核桃，边揉滚、边谈话、边奏事、边审案，办事把玩两不误。但这种麻核桃必须小巧玲珑，因为朝服马蹄袖的袖长不露指尖，袖宽能容五指伸展，为袖藏钟爱的小麻核桃提供了便利的条件。袖中藏揉的小核桃也称"袖珠"。

当今选购把玩麻核桃已成时尚，但不同人群选择的目的和习惯各有不同。男士多喜欢形体高大，纹络深旷的鸡心、桃心或大狮子头；女士则钟爱体形娇小，纹络细腻的小狮子头、小公子帽或小官帽；点缀书房客厅的文人雅士，则偏重揉透挂磁的成对狮子头或虎头类的精品；企业家和白领人士除喜欢高档款麻核桃外，还喜欢玩小麻核桃做成的精品手串或把玩各种红、亮、透的麻核桃，以显示身份和地位……

"千里难挑一，万中难配对"是说选出形状大小一样、纹络、色泽、尖尾相似成对的麻核桃是很难的。尤其具有"三条棱，六个面，八个字（乾隆甲子，九龙同乐），九条龙"的麻核桃，更是精品之珍品。

明清至今，经过600年各界玩家不断总结选择麻核桃的经验，总结出"六无"和"七字诀"，作为选择麻核桃的标准和重点：

一、六项选择标准（六无）

1.无缺损　坚果形体完整无缺损，保持自然原状。

2.无凹陷　无先天形成的果面大凹陷，顶尖塌陷或棱条（缝脊）不整。

3. **无焦面**　焦面是指壳面正常颜色中出现点片深如烧焦的颜色，多因"日灼"烧伤或虫害殃及壳皮造成。

4. **无阴皮**　阴皮是因青果皮受机械伤害或黑斑病、炭疽病危害及害虫造成的壳面污斑或污点。

5. **无桃胶**　又称"核桃屎"。是因桃蛀螟、象甲、核桃举肢蛾等虫害造成的。被害的青皮果从蛀孔分泌出的汁液氧化干燥后附着在壳皮沟纹皱褶或尖棱附近，初期为白色，长期把玩后呈黑色。

6. **无空尾**　空尾是指坚果底部中心的脐部生长不严密而出现空隙，易透进湿气发霉、生虫，是把玩观赏和收藏之大忌。民间流传的"无尖不成器，尾空命不长"的经验值得注意。

二、七个选择重点（七字诀）

1. **形**　是选择麻核桃的第一要素，也是把玩的重要条件。通常认为果形端正而不歪斜；凸起大而不尖利；脊棱宽而不弯曲；纹络深而匀称者为上品。坚果大小和形状变化与不同人群爱好和手的大小有关。习惯认为，坚果握在手中外露占1/4者为最佳。也有人喜好大果和畸形果，但以选择圆形或椭圆果形为多数。

2. **色**　不同品类、产地、立地条件、管理条件乃至坐果位置，所结出的坚果壳面颜色都会有所变化。常见麻核桃坚果颜色多为土黄、深黄、棕黄、浅褐色等。国人比较喜欢浅黄和棕黄色坚果，经手中汗液和油脂浸入壳皮，容易形成棕红或深褐色，令人赏心悦目。

3. **纹**　或称沟纹、纹理、纹络等，是选择坚果的重要内容。不同品类、不同产地条件生产的坚果纹络有所差别。常见纹络有点状、线状、片状、穴状、网状、水龙纹状等，纹络对揉搓把玩效果和观赏收藏有重要影响。

4. **尖**　麻核桃的尖如人之头脸五官，对坚果的品相评价至关重要。要求尖而不利，钝而有形，圆而有度。不扭曲、不分权、不畸形、无白尖、无黑顶。并与缝脊和侧肋相吻合，四面对称，整体协调。尖的形状有：长尖、钝尖、三棱尖、四棱尖、鸟嘴尖、鹰嘴尖等。

5. **尾（脐）**　行家的要求是"尖要钝，脐要紧，立在手中能站稳"，突出表明对尾脐和果尖的重视程度。具体要求是尾脐平展、收紧、封严、无空尾（空隙）等。常见尾脐有平尾、凹型尾、凸型尾、飞边尾等。

6. **重**　指坚果重量。太重携带和把玩不方便，过轻太显轻飘，把玩压穴无力，影响搓揉效果，手感不明显。宜选坚果较重，转动惯性自如者为宜。

7.**质** 是对坚果的壳皮骨质颜色、亮度、手感的综合评价，是由坚果壳皮质地决定的。壳皮质地好的麻核桃结构紧密，上色和上光较快，挂浆和挂磁俱佳，民间的测试质地的方法叫"听铜音儿"。一对坚果轻轻碰撞后能发出清脆的金属声，表明质地良好。

流传于民间选择麻核桃坚果还有"比六面"、"一碰脐"。"比六面"是比较坚果六个侧面（上下和四个侧面）的形状、纹络、颜色、缝脊、侧肋、尖脐、凸起等，基本相似者为佳品。"一碰脐"是将两个坚果尾部底座相合，缝隙小的为上品，缝隙大的为中品，完全不吻合的为下品。飞边尾是指两个坚果尾部允许错开相合。

总之，选果的重点是：形状端正、果面无损、色泽深沉、纹络清晰、沟穴深邃、棱脊宽突、底坐稳紧、壳皮厚重、尾脐严密等几个方面。

第二节　坚果把玩

一、把玩的历史

麻核桃坚果以其果形多样，通体布满沟纹穴点且凹凸不平而得名。尤其纹络多样，脊肋变化、尖坐不同而备受文人雅士的喜爱和青睐，成为古今把玩欣赏的佳品，在文玩界称为文玩核桃、健身核桃、揉手核桃、掌珠等。

据记载，把玩和欣赏麻核桃起源于汉隋，流传于唐宋，盛行于明清，历经两千多年经久不衰，代代相传，形成了世界独有的集把玩、健身、手疗、鉴赏、收藏等功能于一体的中国特有的核桃文化。这与我国历史上帝王贵族喜好和把玩麻核桃有着密切关系。

史书记载，明朝皇帝朱由校（天启）不理朝政，终日操刀雕刻核桃，并将木刻年画的风格融入核桃雕刻之中。经他多年琢磨研究，深得技法精髓，形成了北派核雕界流传的"随形而就"的技法。因其醉心雕刻，荒废朝政，民间出现了"雕核桃遗忘国事，朱由校御案操刀"的故事。说他在边关危急、国难当头时，仍在御案后聚精会神的雕刻核桃，大明皇帝如此痴迷麻核桃，魅力可见一斑。

清朝时期，宫廷内外玩赏核桃之风更甚。手托一对品相高雅的麻核桃，是权威和身份的显示和炫耀。早年北京就曾流传官位高低有三看：头上的官帽，乘坐的大轿，手中的核桃。手托一对大磨盘狮子头是亲王以上高官，手中托玩一对大鸡心，至少是"贝勒"。"文人玩核桃，武人玩铁球，富人揣葫芦，闲人去遛狗"是京城百姓对不同阶层休闲玩乐的看法，是"文玩核桃"名称的来源。乾隆皇帝不仅是把玩麻核桃的大家，还是鉴赏麻核桃的专家。据传，《何年是白头》一诗"掌上旋明月，时光欲倒流，周身气血涌，何年是白头"，是乾隆把玩麻核桃之余所作。此后，京津冀等地在此基础上，又发展成"核桃不离手，活到八十九，超过乾隆爷，阎王叫不走"。把一对麻核桃的功能从玩、赏提高到健身强体，观赏收藏，丰富文化内涵的高度。把玩数十年到上百年的自然状态的麻核桃，盘揉成亮里透红、红里透明、不是玛瑙胜似玛瑙的艺术品。

二、把玩方法

京城麻核桃把玩方法可分成七种。它是根据麻核桃坚果壳面的特点，参照手掌上的经络全息理论，结合中医针灸学和砭石学原理，经过多年实践、归纳提炼而成七种把玩方法，具体是：搓、揉、压、扎、捏、蹭、滚（也称七字诀）。

1. 搓　一对核桃分放两个手中，用拇指、食指和中指上下左右搓转，达到搓胀、搓热，有助于保养肝胆、肠胃消化、增强心脏功能及减轻更年期综合症。

2. 揉　在手掌中左右旋转。旋转方式分为顺时针、逆时针、上下旋转等。要求核桃紧贴掌心和手指，通过压扎刺激穴位，长期揉转有明显保健作用。

3. 压（手攥）　将核桃放于掌心，四指并拢用力捏攥，并不断张合，直至掌心与手指有胀热感，有助脏腑保健。

4. 扎　用坚果的尖扎刺手掌和手指上的穴位。也可扎刺手背、臂、腿等部位。但应注意尖部应较钝，掌握扎刺力度，以出现酸麻感为度。

5. 捏　核桃放于掌心，五指尖捏住后进行顺时针和逆时针转动，边转边捏。捏时宜慢不宜快，宜重不宜轻。应持之以恒，勿一曝十寒。

6. 蹭　用一只手的拇指、食指和中指夹住坚果，用壳面沟纹、脊肋搓蹭另一只手的掌心穴位或反射点，达胀热感为止。此法可起到"刮痧"效果。也可在其他部位使用。

7. 滚　分为双手掌滚、双手背滚、滚掌根。也可滚臂、滚腿、滚腰、滚背等。在滚动部位进行上下、左右、前后滚动。但掌握宜慢不宜快，宜缓不宜急，宜轻不宜重。有利缓解骨关节疼痛、阳痿、尿频、便秘等症状。

把玩核桃应注意不要碰撞、刮蹭，切勿摔地伤果。中心要求是保护坚果完美，品相良好。玩家中至今流传着"铁球不分家，核桃怕碰面"的说法，是有一定道理的。

第十章 坚果玩赏与养护

JIANGUO WANSHANG YU YANGHU >>

第一节 坚果玩赏

麻核桃的类型和品类较多，因个人爱好和审美观念不同，对其鉴赏评价差别很大，可谓见仁见智、各有千秋。在约百个品类中有20余种的麻核桃形态古朴，颜色深沉，纹络清晰，棱角顺畅，颇受人们的喜爱和推崇。为方便玩赏、把玩和收藏，兹将文玩界常用约定俗成评价麻核桃品相的名词（流行语）列出并作一解释，便于读者理解。

一、文玩界常用词语

1. **纹络** 壳面上分布有近似植物根系的纹理。

2. **棱条** 坚果两侧从上至下的缝脊和侧肋（筋），缝脊多为两条，也有3条或4条。

3. **尾脐** 坚果底座和中心脐部。

4. **上色** 经过把玩，壳面颜色由土黄色变深黄或红褐的颜色。

5. **上浆包浆** 把玩过程中经过手掌汗液和分泌油脂的浸润，壳面有如包上一层薄膜，光滑细腻。

6. **挂磁（瓷）** 或称"上磁"。是指经过"上浆"后，在手中长期揉搓滚动中，壳面更加光亮，有如涂上磁漆，表面更具浸润、滑腻和柔光之感。

7. **揉红** 指壳面被揉成红中透褐，具有紫檀木器老道之色。

8. **揉亮** 壳面呈现光不扎眼，亮中透明的明亮古色。

9. **揉透** 壳皮（骨质）又红又亮、通体红褐光润。

10. **成型** 指完成揉红、揉亮、揉透3个重要步骤的总体评价。

二、名品玩赏

玩赏是我国核桃文化中的重要内容，和鉴赏瓷器、文物、字画一样，具有丰富的文化内涵，不但有赏心悦目的感受，更有身临其境的愉悦。不同品类麻核桃各部分特征都有细微变化，在欣赏过程中，可从坚果形状、纹络脉象、沟穴分布、凹凸起伏、脊肋特点、尖座变化等几方面细微观察，深入体味，意境联想，出神入化。

1.狮子头　形状颇似古时衙门两侧的威严狮子之头，壳面纹络有如雄狮头部的长毛。纹络网点自然结合、凹凸有致、脊肋宽而平滑，尖钝座方，稳重端庄，是为麻核桃中的佳品。其中三棱、四棱或兔脸更是佳品中之珍品。此品类上浆、上色快，挂磁较厚，手感极佳。赞曰：温润如君子，敦厚如贤士。被誉为北京四大名核之首（图33）。

腹　面　　　　　　　　　　　　　　　棱　面

图33　狮子头

2.虎头　形状略似虎头。其纹络如山脉连绵、沟壑纵横、疏密相间、起伏无序，腰预（粗）顶圆、座平棱宽。此品类上色均匀，挂磁较快，成品多为深咖啡色（图34）。

腹　面　　　　　　　　　　　　　　　棱　面

图34　虎　头

3.**公子帽**　也称相公帽。特点是缝脊（双棱）宽，体形低矮，有如古装戏中公子或相公戴的帽子，故名。公子帽在明清时期被誉为极品，为帝后妃嫔和王公贵族所垄断，百姓难得一见。当今已成大众玩品，仍为众多玩家推崇的品牌。赞曰：飘逸仙子，风流词客。系北京四大名核之一（图35）。

腹　面　　　　　　　　　　　　　棱　面

图35　公子帽

4.**官帽**　也称明官帽。其形状与明代官员所戴的帽子近似，因数量少且形状特殊成为麻核桃中的佳品。特点是横径（宽）大于纵径（高），底座紧缩而棱飞，显得庄重敦实。缝脊宽且平直，尖钝圆滑。以穴点为主的壳面突起如满天星斗、峰峦叠嶂。明清时代因该品类稀少，多为皇帝和后妃们把玩。并流传"官帽在手，要啥啥有；官帽在握，有福无祸；官帽托掌中，官运必恒通"等民谣。可见官帽在玩家心中的价值和位置。赞曰：浩气丈夫，廉洁高士。系北京四大名核之一（图36）。

腹　面　　　　　　　　　　　　　棱　面

图36　官　帽

5.**鸡心** 其形如心脏状，分为大中小3种。壳皮致密，质地坚硬，碰声清脆，是雕刻的主要材料。坚果体色浅黄或土黄，纹络穴点相间无序，缝脊突出明显，侧肋数条包裹果体。中大型鸡心壳面宽绰，有利施展刻刀，可因形而雕成山峦、云朵、树木、动物、花鸟、鱼虫、瓜藤等多种景物。赞曰：丽闲佳人，珠光宝玉。系北京四大名核之一（图37）。

腹　面　　　　　　　　　　　　棱　面

图37　鸡　心

6.**桃心** 形似寿桃。顶尖突出而不锐，线条顺势流畅，底座平稳，纹络呈不规则网状，缝脊较宽而厚重。适于把玩和雕刻（图38）。

腹　面　　　　　　　　　　　　棱　面

图38　桃　心

7.**罗汉头** 又称和尚头。分为细纹罗汉头和粗纹罗汉头。该品类果体粗壮以椭圆形为主，果尖小，色泽深沉，响声清脆。上色和上浆较快，以个大粗壮者为上品（图39）。

<table>
腹　面　　　　　　　　　　　　棱　面
</table>

腹　面　　　　　　　　　　　　棱　面

图39　罗汉头

8.灯笼　果形扁圆，形似灯笼。分为大灯笼、小灯笼、矮桩和高桩灯笼。此品类纹络分枝多，缝脊粗壮且两侧沟穴深邃，凹陷处显有无规则凸起。该品类上色、上光均较快，是把玩中的上品（图40）。

腹　面　　　　　　　　　　　　棱　面

图40　灯　笼

9.大柳叶　坚果形状较瘦长，尖部稍弯，状如柳树叶，纹络细微，沟穴浮浅，缝脊窄细平直，底座平紧。上色较快，挂磁厚，深受玩家赏识（图41）。

10.将军板　又称将军膀。形似英姿挺拔的威武军人，颇有战胜邪恶之气势。果体上尖下圆，近顶两肩先平后下延，有如将军宽厚肩膀上佩戴的肩章。两侧缝脊平滑直达底座，纹络网点结合，沟谷相间，显示该品类的特点。

| 腹　面 | 棱　面 |

图41　大柳叶

11. **蛤蟆头**　又称金蟾子。形似青蛙的头。经过把玩颜色红亮，更显相貌独特，栩栩如生。此品类体形较大，网络凸起密集，亮色深沉，质朴厚重。既是把玩的珍品，也是微雕的佳品。

12. **马蹄**　又称扣钟或倒扣钟。在核桃把玩界有"形似钟声似磬，马蹄声脆怪地硬"的评价，为把玩、鉴赏和收藏朋友们视为佳品。该品类形状怪异，缝脊宽厚平滑而内敛。壳皮致密，质地坚硬，上色，挂浆均较快。

13. **鸭嘴**　又称鸭头。尾部圆平，缝脊窄细，顶尖长而扁，形若鸭嘴。是当前麻核桃市场中难得见到的稀缺品类。将其果托于掌中仔细观察揣摩，极似一只鸭子浮在水面向天高歌，召唤顺流而下的同伴，意境深远，使人心情舒畅。

第二节　坚果的养护

麻核桃的坚果从采摘到揉成精美的艺术品，需要经过揉红、揉亮、揉透3个步骤。壳面揉成红褐色并且显润泽的称为"上色挂浆"；将壳面揉成红褐色并且有瓷质光泽的称为"包浆挂磁"。麻核桃把玩界素有"汗上色，盘(揉)上光，要快挂磁蹭迎香（穴）"和"三分揉，七分刷，要给安好家"的经验之说。

养护是讲麻核桃不仅要经过3个关键步骤达到成型，还需要经常护理，勤于保养，把养护贯穿于把玩、鉴赏和收藏的全过程。

一、养护用具

1. **短毛刷（软毛刷）**　清除壳皮表面的灰尘。

2. **长毛刷（硬毛刷）**　清除壳皮皱褶中的残留青皮和污垢。

3. **别针**　剔除纹络沟穴中的残物和油污。

4. **放大镜**　检查壳皮清洁程度，上浆挂磁状况。也可欣赏壳面雕刻的景物。

5. **测微尺**　用于测量坚果纵径（高）和横径（宽）、缝脊宽度和厚度。

6. **核桃油或橄榄油**　两种油脂分子团较小，容易渗透到壳皮之内，加速揉透和成型。密封保存前涂抹一层核桃油或橄榄油，有利增加色泽和亮度，并可防止干燥（图42）。

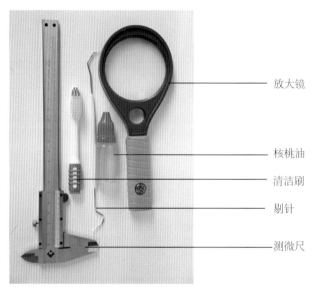

放大镜

核桃油

清洁刷

剔针

测微尺

图42　养护工具

二、养护方法

"五分把玩，五分养护"是核桃把玩界总结出的经验，从中可以看出养护的重要性和必要性。麻核桃的养护通常分为3个阶段。

1. **清理阶段**　新采摘剥皮晾干的坚果先放入清水中，浸泡3～4小时后，用硬毛刷清除皱褶残留的青皮。若清除不净，可用84消毒液浸泡2小时，再用硬毛刷清理。难以清除到的皱褶深处，可用放大镜细查，用剔针清除。

2. **灭虫阶段**　杀灭害虫是养护中不可缺少的程序。主要目的是杀灭隐藏在壳面处的虫卵和幼虫，防止幼虫蛀壳。灭虫处理在坚果晾晒后进行。方法是先将坚果放入密闭容器内，用杀虫剂喷洒于果面各部位，密闭1小时。也可放在冷冻（-15℃）条件下2～3小时，杀灭虫卵或幼虫。

3. **护理阶段**　经过灭虫阶段的坚果，在把玩揉搓过程中，根据个人爱好，可涂油或不涂油。随时用软毛刷除去表面上的灰尘和污垢，以保持壳面洁净、增加亮度。若长时间不把玩，放于包装盒中，切忌风吹暴晒。

第十一章 坚果手疗原理和方法

JIANGUO SHOULIAO YUANLI HE FANGFA >>

第一节 手疗原理

手是人体最有特色的三大器官（手脑眼）之一，经过400万年的进化，不仅是人生存和生活的重要工具，更是反映身体状况的一面镜子。

麻核桃坚果手疗是通过壳尖、沟纹、脊肋对手掌的压扎，刺激手上的经络、穴位、反射区、反射点发挥其保健效果。人的外体器官中，手是活动次数最多、活动时间最长、承受压力最强的第一器官。研究结果表明，人的双手一年中能做出上亿个动作，手指屈伸张合活动约有2 500万～3 000万次。手不仅是谋生的工具，还是促进大脑进化，提高代谢功能最重要的肢体。

中医经络研究表明，人体共有12条经络，其中6条排列在手指上。心脏、脑血管、胃肠、睡眠等50多个反射区、反射点、治疗点和穴位分布于掌心和掌背直到指尖，这些经络和穴位均与五脏六腑和肢体休戚相关，手之三阴和三阳经脉，把手和肢体联系在一起。他们出现任何异常变化，都可通过压扎、刺激手掌相应反射区、治疗点、穴位得到缓解，发挥其防病治病、缓解疲劳、活血化瘀、增强体力的作用。

近代随着科学的进步和社会的发展，人们的劳动机会和劳动量越来越少，手的各种功能也随之减少，手上防御疾病的屏障被闲置，致使各种疾病纷至沓来，正如古人所说的"心闲少烦恼，手懒多事端"。勤用脑和多用手是防病于未然的至理名言。清末民初，在北京、天津、河北等地的古玩市场中，就流传一首民谣：核桃不离手，成天盘和揉，快乐又健康，活过八十九，直追孙思邈，一百能出头。说明当时人们从实践中认识到核桃的手疗作用和效果。

玩家们把核桃手疗评价为：随身带着的运动，兜里装着的健康，最便宜的医疗器械。

第二节　手疗的方法

　　据载，汉代已有指力健身球运动，当时民间就有把玩核桃的传统。徐州现存的"戏丸图"画像石图，就是当时玩指力健身球的写真。20世纪80年代我国中医研究发现人体全息反应区，手部许多穴位和反射点与体内器官有密切关系。可参照手部全息反应图（图43，图44），用核桃压刺相关穴位和反射点，有调理阴阳气血，减少疾病，缓解病痛，辅助治疗，促进健康的效果（图43至图54，摄影　田雨，手模　张麟呈）。

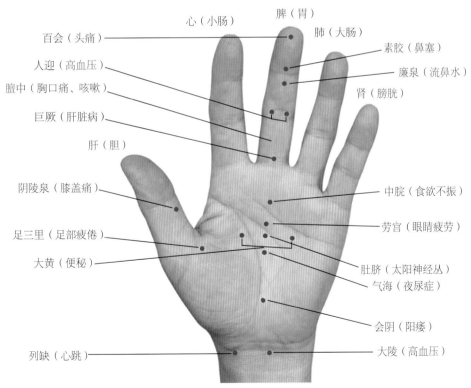

心（小肠）　　脾（胃）

百会（头痛）　　　　　　　　　　肺（大肠）

人迎（高血压）　　　　　　　　　素胶（鼻塞）

膻中（胸口痛、咳嗽）　　　　　　廉泉（流鼻水）

巨厥（肝脏病）　　　　　　　　　肾（膀胱）

肝（胆）

阴陵泉（膝盖痛）　　　　　　　　中脘（食欲不振）

足三里（足部疲倦）　　　　　　　劳宫（眼睛疲劳）

大黄（便秘）　　　　　　　　　　肚脐（太阳神经丛）
　　　　　　　　　　　　　　　　气海（夜尿症）

　　　　　　　　　　　　　　　　会阴（阳痿）

列缺（心跳）　　　　　　　　　　大陵（高血压）

图43　手部全息反应图（手部穴位）

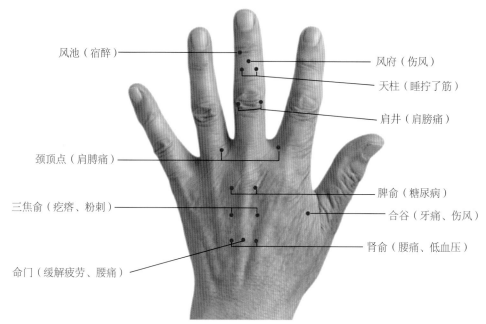

风池（宿醉）
风府（伤风）
天柱（睡拧了筋）
肩井（肩膀痛）
颈顶点（肩膊痛）
脾俞（糖尿病）
三焦俞（疙瘩、粉刺）
合谷（牙痛、伤风）
肾俞（腰痛、低血压）
命门（缓解疲劳、腰痛）

图44　手部全息反应图（手背穴位）
（图43、图44参考徐策《手疗去百病》和谷津三雄《手疗图》标注）

1.**压扎拇指肚**　用核桃尖部压扎拇指肚，此处是肺经的源头。刺激三阴交、鱼际、少商、阴陵等反射区和穴位，可辅助治疗肝胆等疾病（图45）。

2.**刺激食指肚**　食指是手阴肠经的起点。刺激食指肚，对五官疾患、腹胀、便秘有较好辅助疗效。

3.**刺激中指肚**　中指是手厥心包经（心包）起点。刺激这个经络上的穴位，对缓解高血压、心绞痛、头痛有一定效果。

4.**刺激无名指肚**　无名指尖是手少阳三焦经起点。经常刺激这个穴位，可减轻咳嗽、气喘、耳鸣、头痛等病痛。

5.**压扎小拇指肚**　小指尖是少阴心经起点。其上有3个反射点，通过刺激，可减轻腰痛、阳痿、月经不调等症状。

6.**压扎劳宫穴**　劳宫穴位于掌心中央。压扎该穴位对眼睛疲劳、体弱多汗、视力减退有较好效果（图46）。

7.**滚压手心**　掌心反射点较多，反复滚压刺激，对尿痛尿急、高血压、便秘有较好效果（图47）。

8.**压扎中冲穴**　中冲穴位于中指甲的右下方，是急救穴之一。对胸闷、昏厥、痉挛等有缓解效果（图48）。

图45 扎压拇指肚

图46 扎压劳宫穴位

图47 滚压手心

图48 扎压中冲穴位

9. **压扎血海和三阴交** 这两个穴位均位于小拇指第二关节的上方。压扎此穴位可改善心悸、胸肋痛、痛经等症状（图49）。

10. **压扎鱼际穴** 该穴位于拇指第二道横纹下方。经常压扎可缓解气喘、咳嗽、眼痛，并可预防感冒（图50）。

图49 扎压血海穴和三阴交

图50 扎压鱼际穴

11.**压扎少府穴**　位于第四、第五掌骨之间，与劳宫穴平行。经常压扎对胸闷、心悸、小便不利有辅助疗效（图51）。

12.**滚压手掌**　核桃置于双手合十之间，前后滚动压扎刺激，有益五脏六腑保健（图52）。

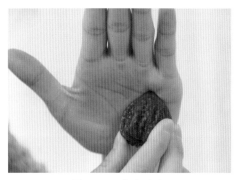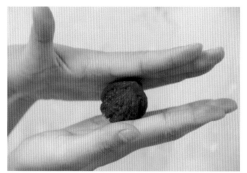

图51　压扎少府穴　　　　　　　　　　图52　滚压手掌

13.**滚压手背**　核桃放于双手背之间并前后滚动，经常压扎刺激，可强筋壮骨、舒络活血（图53）。

14.**压扎养老穴**　位于小指第二道横纹的侧方。坚持压扎此穴，有助缓解老年人眼睛疲劳和辅助治疗白内障、老花眼症状（图54）。

图53　滚压手背　　　　　　　　　　图54　扎压养老穴

第十二章 坚果雕刻和代表作品

JIANGUO DIAOKE HE DAIBIAO ZUOPIN >>

第一节 雕刻的意义

核桃雕刻是在核桃壳皮上雕刻各种人物、动物、景物和场景等多种寓意丰富、发人联想的艺术形象，抒发人们对现实生活美好的意境和对未来的憧憬。核桃雕刻内容与社会发展、文化艺术、百姓生活、理想追求紧密相连。随着社会发展和文化繁荣，对提高核桃雕刻艺术品的品位和雕刻技艺起到了促进和推动作用，使核桃雕刻业掀开了新的篇章。

核桃雕刻属于核雕中的一种。核桃雕刻因取材苛刻、构图设计和雕琢工艺难度较大以及难于复制，而成为核雕中的姣姣者。北京流传有"不雕不贵，一雕翻倍"的说法。近年，在麻核桃市场中寻觅精品者越来越多，价格也不断攀升。

核桃雕刻艺术品不仅具有把玩、健身、礼品、收藏的功能，由于雕刻内容丰富、生动活泼，成为我国独有的传统核桃文化中的一支靓丽奇葩。

核桃雕刻是在方寸之间、利用自然形成的诸多特点，雕琢成各种艺术形象。精湛的雕刻技艺表现出"毫厘之间的奇妙世界"。联合国教科文组织已将我国核桃雕刻列入第二批传统美术类非物质文化遗产。

第二节 雕刻历史

核桃雕刻历史源远流长，相传宋代（960—1279年）中期就有民间雕刻艺人把核桃壳面雕成各种景物的文字记载。到明代（1368—1644年）核桃雕刻蔚然成风，并且达到较高水平。

　　相传，明武宗朱厚照风流倜傥，对核雕倍加宠爱，常见核雕垂于床头、摆放于几案，挂在衣带或折扇上，随时欣赏把玩。时人把这种核雕称为"神工技"或"鬼工技"，表明当时核雕作品已达到较高水平。当时的作品题材多为：八仙过海、得道升天、达摩面壁、钟馗嫁妹等神鬼故事，颇受人们喜爱和赞赏。清代乾隆皇帝对核桃雕刻品的喜爱已达到痴迷程度，核雕名师艺人都以献给乾隆皇帝核雕精品为荣。当时代表作品有"十八罗汉"、"童子拜观音"等。中国台北故宫博物院《故宫人物》月刊1999年11月第十七卷第八期（200期特辑——百珍集萃）中，载有清·乾隆戗金描漆龙凤箱（多宝格），内藏24种珍玩，其中核桃雕刻珍品，上面透雕松竹梅，极为可爱（图55）。

图55　清·乾隆戗金描漆龙凤箱（多宝格）

　　核桃雕刻是由竹雕笔管、牙雕扇坠、骨雕牙签等发展而来，取材多用麻核桃或铁核桃。从西方引进放大镜和显微镜以后，大大促进了核雕技艺发展，多种核桃雕刻佳作层出不穷。

　　随着社会发展进步，核桃雕刻艺术也在日臻提高和不断创新。核雕这一中华传统掌中艺术，一定会以崭新的姿态风靡全国，走向世界。

第三节 雕刻代表作品（摄影 王虎）

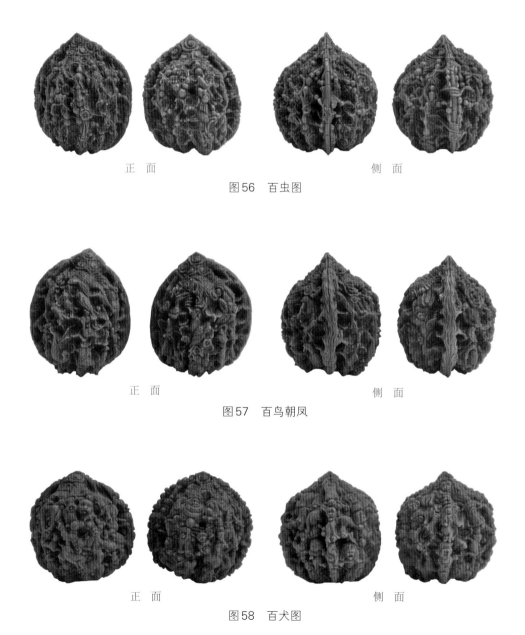

正 面 　　　　　　　　　　　　　　　　　 侧 面

图56 百虫图

正 面 　　　　　　　　　　　　　　　　　 侧 面

图57 百鸟朝凤

正 面 　　　　　　　　　　　　　　　　　 侧 面

图58 百犬图

正　面　　　　　　　　　　　　　　　侧　面

图59　猴结桃园

正　面　　　　　　　　　　　　　　　侧　面

图60　葫芦万代

正　面　　　　　　　　　　　　　　　侧　面

图61　九龙滚

正　面　　　　　　　　　　　　　　　侧　面

图62　百鱼图

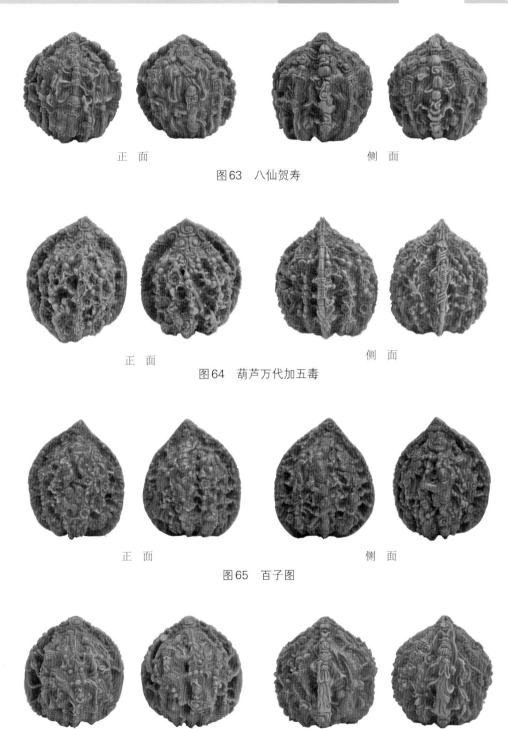

正　面　　　　　　　　　　　　　　　　　　　侧　面

图63　八仙贺寿

正　面　　　　　　　　　　　　　　　　　　　侧　面

图64　葫芦万代加五毒

正　面　　　　　　　　　　　　　　　　　　　侧　面

图65　百子图

正　面　　　　　　　　　　　　　　　　　　　侧　面

图66　辰龙千禧

正　面　　　　　　　　　　　　　　　侧　面

图67　飞天仕女

正　面　　　　　　　　　　　　　　　侧　面

图68　龙凤呈祥

正　面　　　　　　　　　　　　　　　侧　面

图69　十八罗汉

正　面　　　　　　　　　　　　　　　侧　面

图70　岁稔年丰

第十三章　麻核桃市场展望

近年来，把玩核桃之风遍布大江南北、长城内外。北京、天津、河北、河南、山西、山东、四川、江苏、辽宁、云南、贵州等省会城市和一些中等城市，形成了规模不等，形式多样的文玩核桃市场。其中北京、天津和河北是文玩核桃兴起最早、把玩文化最普遍之地。如北京的老官园、十里河、报国寺、天桥、潘家园和天津沈阳道、古楼都是历史较长的文玩核桃集散地，也是文玩核桃赏家、藏家和文人雅士经常光顾之地，尤对自然天成、千姿百态的麻核桃倍加欣赏和喜爱。从而形成麻核桃市场从无到有，从少到多，从小到大，从摆摊设点到门市专营的繁荣局面。

据北京一些资深知名核商的回忆，北京、天津、河北等省（直辖市）的麻核桃市场大约兴起于2000年前后，兴旺于2006年前后。2008年因为各地生产的麻核桃质量较差（白尖、花斑、骨质差等），市场销售量明显下降，只有产自陕西秦岭一带的麻核桃品相良好，质量上乘，评价较高，对核商是一次有益的启发。在这一经验教训中，2009年使大家变得更加理性和谨慎，避免盲目和自持，2010年市场中的麻核桃质量明显提升，出现了新一轮的购销两旺气象。市场波动的中心原因是麻核桃坚果质量不稳定，表明坚果的品相和质量是左右麻核桃市场的核心，也是消费者和经营者共同关心的重点。

纵观近年麻核桃市场发展历程和发展趋势，提出以下市场展望意见，供大家参考：

一、随着我国经济迅速发展，人民生活水平不断提高，对外交流不断扩大，网络交易量与年增加，对文玩核桃需求量将会逐年增多。

二、生产者和经销者坚持以产品（商品）质量为核心，以市场为导向的原则，向消费者提供品相质量俱佳的商品，是实现购销互惠双赢，促进市场良性发展，减少市场波动的有效措施。

三、按照2013年中央一号文件精神，发展专业生产合作社、家庭农场、种植大户，提倡规模化、规范化、标准化生产，才能保证产品质量和市场繁荣。

四、发展"前店后园"经营模式，生产与经营一体化。既可保证生产对路质优产品，又可减少中间失误环节。也可建立生产与销售长期合作机制，保证产品质量和商业信誉。

五、建立麻核桃坚果分级生产销售和商品身份卡制度，标明商品的等级、名称、产地、产期，提高产品声誉的诚信度，达到消费者高兴而来，满意而归。

六、麻核桃市场商家云集，各有销售策略，市场竞争激烈。但上架和进柜的商品、展品的种类和造型大同小异，缺乏创新意境和引人注目的品类和品相，这是值得深思和关注的事情。

七、今后麻核桃仍分为普通型（大众）和高档型（精品）两类，满足不同阶层人们的需求。其中，高档型商品可能是需求量较多，销售渠道较广的产品。但两类商品均需有效质量保证。

八、关注上班族中青年人群的身体健康，降低亚健康人群的数量。推荐中青年人盘揉麻核桃，有利缓解工作压力，释放紧张情绪，提高健康质量和工作效率。

九、百善孝为先。关注父母健康正从改善饮食提升为增进老人身心愉悦。送给父母一对称心如意的麻核桃以表孝心，正在成为新的时尚，也是麻核桃市场中新的亮点。

十、亲朋好友，礼尚往来。馈赠一对包装精美、品相俱佳的麻核桃或雕刻艺术品，既包含亲密情谊，又具有中国深厚的文化内涵。

参考文献

陈嵘. 1937. 中国树木分类学（第一册）[M]. 南京: 华东印刷厂.

王玉成, 何悦. 2006. 核桃把玩与鉴赏 [M]. 北京: 北京美术摄影出版社.

郗荣庭, 张毅萍. 1992. 中国核桃 [M]. 北京: 中国林业出版社.

郗荣庭, 张毅萍. 1996. 中国果树志·核桃卷 [M]. 北京: 中国林业出版社.

俞德俊. 1979. 中国果树学分类 [M]. 北京: 农业出版社.

张志华, 等. 2005. "冀龙"选育鉴定技术报告 [R].

附件一 麻核桃精品选展

1.至善至美，乐在其中（北京知名核商陈佩侠女士提供）

2. 日月精华，愉悦人生（北京知名核商韩娟女士提供）

3.天地精华，雍容典雅［北京知名核商王京生（王三）先生提供］

4. 如晶似玉，延年益寿［北京知名核商陈红云女士（核桃表妹）提供］

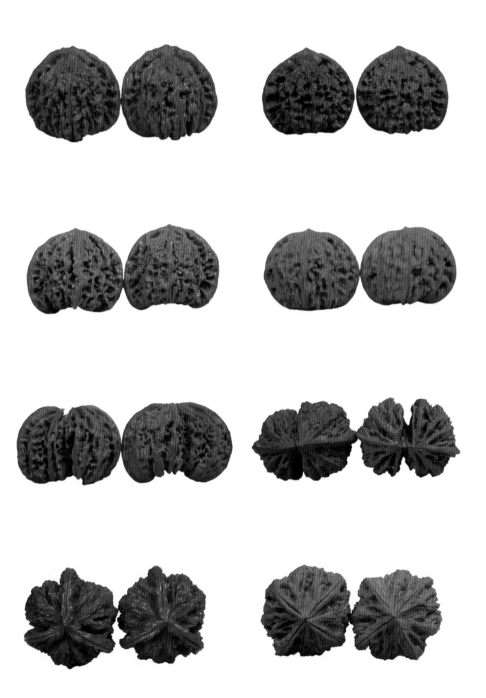

5. 鬼斧神工，世人称奇（河北核商王虎先生提供）

6. 怡养心灵，寿比南山（北京知名核商李迎民先生提供）

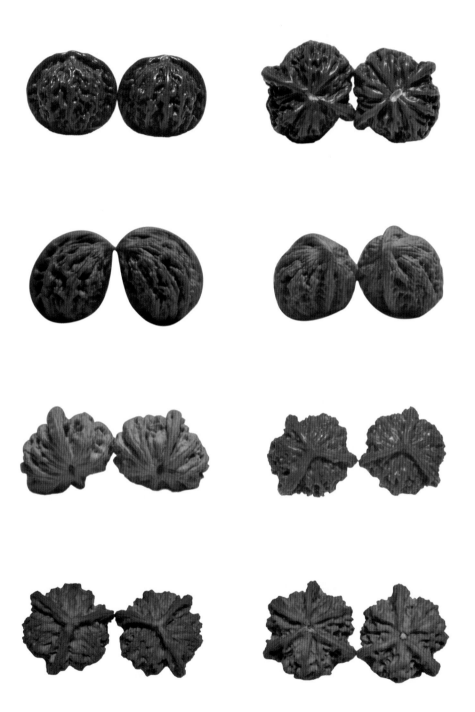

7. 沈阳核商张来祥提供

8. 太原核商孙建生提供

9. 西安核商李磊提供

10. 保定核商李艳凯提供

附件二 麻园广角

（摄影 德胜公司王虎）

MAYUAN GUANGJIAO >>

雕刻工作室

麻核桃果实选择及分级

麻核桃生产园

满树雄花序

顶端叶芽萌发生长

幼龄园春季生长展叶

黄色柱头

红色柱头

行间机械耕作

行间管理

幼树开张主枝角度

1序1果

拉枝开张角度

畸形幼果

挂 饰 件

钥 匙 链

扇　　坠

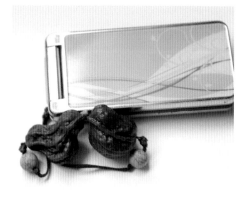

手 机 链

附件三 麻核桃诗赞

1. 麻艺核桃赞（郗荣庭，2006）

此物生太行、燕山、秦岭山区，世代屹立山谷之中，属河北核桃家族，其多年采天地之灵气，集日月之精华，根深叶茂，本固枝荣，雄伟挺拔，百年不衰，春华秋实，不荒不怠，耐寒冬酷暑，傲风霜雨雪，青果碧绿如玉，壳果外披衣，沟壑纵横，皮厚极坚，型姿精神，体态诱人，自古为民间把玩珍品，因其形态独特，颇具赏艺价值，故名麻艺核桃。选品可揉可雕，宜饰宜佩，适赠适摆。手揉益养气健身，饰佩显雍容华贵，摆放令室内增辉，馈赠博亲友称羡。百姓赏玩爱不释手，文人珍藏书斋案头，商家精摆展柜之中，其魅力使观者驻足，令雅士垂涎，实为果中之奇品，林中之精灵，乃大自然赐予人间之宝物也。

2. 昭君山庄"赞麻核桃"诗抄（春芳戊子秋月）

麻核桃生自高山大川天哺之物，自然之精华，拥淳朴典雅之色，安详恬淡之容，古朴淳厚，不媚不俗，近于文人，古人视之为雅趣，麻核桃自然纹理，天然的皱脊，巧夺天工，似水如华，如龙似凤，静若山川，形若走兽，如罗汉叠坐，又似苍龙展翅，若把玩经久，其声为牙似玉，其色红润细腻，晶莹剔透，其纹似鬼斧神工，长期把玩身心俱健。

3. 文玩核桃的魅力（北京，核桃表妹店）

万点斑纹无尽花，丹辉龙盘才到家。千团万转难入梦，不问苍天问年华。今人早知能健康，何必煎汤问医家。怡养心灵指掌间，忘吾忘忧赛神仙。日精月华成单果，久盘活络胜神丹。

4. 麻艺核桃（李卫强）

一阴一阳生成掌中乾坤，浅浅沟壑摩荡隐隐风雷。吐故纳新，丹田气沉。举手投足尽显中国神韵。迈虎步，舒鹤形，山水怡情养精神，小小麻艺乐无限，清茶淡酒度晨昏。一荣一枯雕成掌中奇珍，细细指纹轻拈紫檀转轮，感情线里，追问缘分，几世修来知己肌肤相亲。转朱阁，帘轻分，红烛影里共听琴，听到会心微笑，窗前梅花正销魂。

图书在版编目（CIP）数据

中国麻核桃 / 郗荣庭，张志华主编. — 北京：中
国农业出版社，2013.7
ISBN 978-7-109-17954-7

Ⅰ.①中… Ⅱ.①郗… ②张… Ⅲ.①核桃–果树园
艺②核桃–鉴赏–中国 Ⅳ.①S664.1②G894

中国版本图书馆CIP数据核字（2013）第118835号

中国农业出版社出版
（北京市朝阳区农展馆北路2号）
（邮政编码 100125）
责任编辑 张 利

———————

北京通州皇家印刷厂印刷 新华书店北京发行所发行
2013年7月第1版 2013年7月北京第1次印刷

———————

开本：720mm×960mm 1/16 印张：6
字数：82千字
定价：50.00元
（凡本版图书出现印刷、装订错误，请向出版社发行部调换）